咖啡慢食光
Coffee

随随鱼 兰茂江◎编著

中国纺织出版社

图书在版编目（ＣＩＰ）数据

咖啡慢食光 / 随随鱼，兰茂江编著. --北京：中国纺织出版社，2016.6

ISBN 978-7-5180-2405-6

Ⅰ. ①咖…　Ⅱ. ①随… ②兰…　Ⅲ. ①食谱　Ⅳ. ①TS972.12

中国版本图书馆CIP数据核字（2016）第047220号

责任编辑：韩　婧　责任印刷：王艳丽

中国纺织出版社出版发行

地址：北京市朝阳区百子湾东里A407号楼　邮政编码：100124

销售电话：010-67004422　传真：010-87155801

http://www.c-textilep.com

E-mail: faxing@c-textilep.com

官方微博：http://weibo.com/2119887771

2016年6月第1版第1次印刷

北京博海升彩色印刷有限公司　各地新华书店经销

开本：710×1000　1/16　印张：12

字数：107千字　定价：39.80元

爱上咖啡和咖啡馆里的美食

　　咖啡（Coffee）的英文词来源于希腊语 Kaweh，它的原意是"力量与热情"。

　　据文献记载，世界上第一杯咖啡是由一位阿拉伯人精心熬煮出来的；世界上的第一家咖啡馆是 1520 年在中东大马士革（今叙利亚首都）诞生的。1615 年，云游世界的威尼斯商人将咖啡带到了欧洲。1654 年，在意大利的威尼斯街头，有了欧洲的第一家咖啡馆。从此，欧洲人与咖啡结下了不解之缘。

　　数百年过去了，今天，咖啡已经被越来越多的人接受和喜爱，咖啡中也已经融入了更为深厚的历史韵味和人文情怀。咖啡馆早已经遍及世界的各个大小角落。不管是在僻静乡野，还是在闹市之中，不管是伫立于热闹繁华的路边，还是隐身于高耸的写字楼群之间，所有的咖啡馆几乎都具有一个共同的特点：怀旧、浪漫、幽谧、温情。

　　不管是在迷离雾霭中，还是在濛濛烟雨里，抑或在落日余晖下；不论是在细碎春花开满枝头、乍暖还寒时的春季，还是在金黄色的银杏落叶铺满青石小道的秋季，只要一走进咖啡馆，在吧台前点一杯拿铁或者卡布奇诺，然后寻找一个舒适安静的座位，窝在其中，顷刻之间，似乎就远离了纷扰红尘。

在咖啡馆里，一个人的时候，可以一边享受着咖啡的醇香，一边看看书、翻翻杂志，打发着寂寞的闲散时光；也可以一边享受咖啡，一边与两三好友八卦闲聊、欢聚谈笑。当然，咖啡馆也不会拒绝工作的人们，你可以带上笔记本，独自待在一个安静的角落里，一边品咖啡，一边处理商务邮件，或者写一篇广告文案；你也可以带着同事来到这里，选择一个既不会打扰到别人，也不会被别人打扰的位置坐下来，一边喝咖啡，一边开个小会，讨论一个产品策划或者活动方案，等等。

当然，咖啡馆里并不仅仅只有咖啡，也有各种甜点和简餐。你可以点一杯皇家咖啡，再搭配一份马卡龙或者泡芙；或者点一杯爱尔兰咖啡，搭配一碟小甜饼，不管是对于口感还是味觉，都是不错的选择，相信它们不仅会温暖你的胃，也会温暖你的心。在用餐时间，咖啡馆里还有诸多经典的西式简餐可供选择，像三明治、面包、意面、披萨、焗饭等等；用完餐，如果有足够的时间，你甚至还可以再来一份冰淇凌、蛋糕之类的甜点，令你的咖啡馆之旅更加浪漫而完美。

本书精选 30 道经典咖啡和饮品、23 道甜品、22 款饼干和蛋糕、18 种吐司与面包、21 道主食和菜品，为你布置一场丰富的视觉与味觉盛宴，这是专属于咖啡馆里的美食盛宴，虽简单却精致，满载温情，愿它们能够温暖你的记忆，点亮你的人生。

注：本书中除咖啡以外的所有美食内容，均由美食达人随随鱼提供；年轻的咖啡师张妍和王亚男二人参与了本书中咖啡的制作拍摄工作，在制作咖啡的过程中，二人均表现出专业和敬业的职业精神，在此深表感谢。

目录
C o n t e n t s

PART 1
咖啡和饮品

PART 1

咖啡 和 饮品

COFFEE & DRINK

卡布奇诺

材料 Material

咖啡豆······17克
牛奶···300毫升
肉桂粉·······1克

制作方法 Parctice

1 将咖啡豆研磨成咖啡粉（图1）。

2 把咖啡粉放入填压器，用粉锤压实，然后把意式咖啡机萃取口扣在填压器上，萃取出浓缩咖啡（图2、图3）。

3 取适量牛奶，用咖啡机的蒸汽头将其加热，再打发出绵密细腻的奶泡（图4）。

4 把打发好的牛奶均匀融入浓缩咖啡中，并将打发出来的细腻奶泡倒在上面（图5~图8）。

5 撒上少许肉桂粉作为点缀（图9）。

材料 Material

咖啡豆 ………… 17 克
牛奶 ……… 300 毫升

制作方法 Parctice

1 将咖啡豆研磨成咖啡粉（图 1）。

2 把咖啡粉放入填压器，用粉锤压实，
然后将意式咖啡机萃取口扣在填压器上，萃取出浓缩咖啡（图 2、图 3）。

3 取适量牛奶，用咖啡机蒸汽头将其加热，再打发出细腻的奶泡（图 4）。

4 把打发好的牛奶均匀融入浓缩咖啡中，使其呈现漂亮的花纹（图 5、图 6）。

原味拿铁

摩卡基诺

材料 Material

咖啡豆 ············17 克
牛奶 ·········300 毫升
巧克力酱 ······30 毫升

制作方法 Parctice

1 将咖啡豆研磨成咖啡粉（图1）。

2 把咖啡粉放入填压器，用粉锤压实，然后把填压器扣在意式咖啡机上，萃取出浓缩咖啡（图2、图3）。

3 取适量牛奶，用咖啡机蒸汽头将其加热，再打发出细腻的奶泡（图4）。

4 在浓缩咖啡中加入适量巧克力酱后搅拌均匀再把打发好的牛奶慢慢融入咖啡中，使奶泡浮在表面（图5、图6）。

5 在咖啡表面淋上巧克力酱并做出图案（图7、图8）。

康宝蓝

材料 Material

咖啡豆 ················· 17 克

奶油········· 45~50 毫升

制作方法 Parctice

1 将咖啡豆研磨成咖啡粉（图 1）。

2 把咖啡粉放入填压器，用粉锤压实，然后把填压器扣
   在意式咖啡机上，萃取出浓缩咖啡（图 2、图 3）。

3 在萃取好的咖啡中加入适量液体奶油（图 4）。

材料 Material

咖啡豆 ……………17 克
方糖 …………………1 块
白兰地 ……15~20 毫升

制作方法 Parctice

1 将咖啡豆研磨成咖啡粉（图1）。

2 把咖啡粉放入填压器，用粉锤压实，然后把填压器扣在意式咖啡机上，萃取出适量浓缩咖啡（图2、图3）。

3 把咖啡匙横放在杯上，放上一颗方糖，再用适量白兰地将方糖淋湿，然后点火，白兰地燃烧，方糖融化后即可饮用（图4~图6）。

皇家咖啡

杏仁巧克力拿铁

材料 Material

咖啡豆	17 克
黑巧克力酱	30 毫升
杏仁糖浆	15 毫升
牛奶	250 毫升
杏仁片	3~4 克

制作方法 Parctice

1 把咖啡豆研磨成咖啡粉（图1）。

2 把咖啡粉放入填压器，用粉锤压实，然后将填压器扣在意式咖啡机上，萃取出适量浓缩咖啡（图2、图3）。

3 取适量牛奶，用咖啡机蒸汽头将其加热，并打发出细腻的奶泡（图4）。

4 在萃取好的咖啡中加入适量杏仁糖浆和黑巧克力酱并搅拌均匀（图5）。

5 把打发好的牛奶融入咖啡中，再用巧克力酱在表面挤出花纹，最后放上杏仁片装饰（图6~图12）。

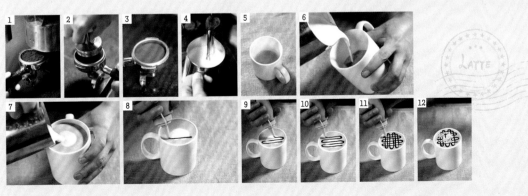

焦糖玛奇朵

材料 Material

咖啡豆 ············17 克
牛奶 ·········300 毫升
焦糖酱 ········20 毫升
香草糖浆 ······10 毫升

制作方法 Parctice

1. 把咖啡豆研磨成咖啡粉（图1）。

2. 把咖啡粉放入填压器，用粉锤压实，然后将填压器扣在意式咖啡机上，萃取出适量浓缩咖啡（图2、图3）。

3. 取适量牛奶，加入少许香草糖浆，然后用咖啡机蒸汽头将其加热，再打发出细腻香甜的奶泡（图4）。

4. 将打发好的牛奶融入咖啡中，然后在咖啡表面淋上焦糖酱做出美丽的图案（图5、图6）。

材料 Material

咖啡豆 ·················· 20 克

爱尔兰威士忌 ··· 45 毫升

奶油 ·······················3 匙

砂糖 ·······················5 克

巧克力碎 ·············· 适量

制作方法 Parctice

1 把咖啡豆研磨成咖啡粉（图1）。

2 用意式咖啡机萃取出适量咖啡液待用（图2、图3）。

3 在爱尔兰烧杯中加入约15克爱尔兰威士忌和1小匙砂糖，放置在点燃的杯架上，慢慢转动杯身，使杯身均匀受热（图4、图5）。

4 将酒精灯熄灭，然后取下杯子，再用火将加热后的威士忌点燃，使其散发出酒香，再把萃取好的咖啡慢慢倒入杯中，并在表面挤上适量奶油，最后撒上少许巧克力碎作为装饰（图6~图8）。

爱尔兰咖啡

材料 Material

咖啡豆 ………… 17 克

巧克力酱 … 30 毫升

牛奶 ……… 300 毫升

奶油 ………… 2 大匙

制作方法 Parctice

1 把咖啡豆研磨成咖啡粉（图 1）。

2 把咖啡粉放入填压器，用粉锤压实，然后将意式咖啡机的萃取口扣在填压器上，萃取出适量浓缩咖啡（图 2、图 3）。

3 取适量牛奶，用咖啡机蒸汽头将其加热，并打发出细腻的奶泡（图 4）。

4 在萃取好的咖啡中加入适量巧克力酱搅拌均匀，将打发好的牛奶均匀融入咖啡中，在表面挤上适量奶油，淋上少许巧克力酱作为装饰（图 5、图 6）。

花式摩卡

維也納咖啡

材料 Material

咖啡豆 ⋯⋯⋯ 17克
奶油 ⋯⋯⋯⋯ 3大匙
彩米 ⋯⋯⋯⋯⋯ 2克
巧克力醬 ⋯ 5毫升

制作方法 Parctice

1 把咖啡豆研磨成咖啡粉（图1）。

2 用意式咖啡机萃取出适量咖啡液（图2、图3）。

3 在咖啡上以旋转的手法挤上奶油（图4、图5）。

4 在奶油表面淋上巧克力酱，并撒上少许彩米作为装饰（图6）。

耶加雪啡
（手冲/虹吸）

材料 Material

咖啡豆 ················ 20 克
（咖啡豆：水 =1：13）

制作方法 Parctice

1 取适量咖啡豆中度研磨成咖啡粉（图1）。

2 将滤纸接缝处单向折叠，并用 85~92℃的温热水冲洗滤纸，除去纸味并温杯（图2）。

3 把研磨好的咖啡粉放入滤纸铺匀，然后第一次注水，要求水流细而缓，并注入少量水闷蒸 30 秒，在这个过程中要避免水流冲到滤纸（图3、图4）。

4 待咖啡粉充分膨起后，再进行第二次注水，以获取浓度大约为 60%的咖啡液（图5、图6）。

5 根据咖啡获取量适当调整第三次注水，萃取完成后轻轻摇晃咖啡，使其风味更佳。

材料 Material

咖啡豆 ·············17 克
蜂蜜 ·············15 毫升   碎冰 ······ 半杯
红石榴糖浆 ·····15 毫升   奶油 ······ 2 匙

制作方法 Parctice

1 把咖啡豆研磨成咖啡粉（图1）。

2 使用意式咖啡机萃取出适量咖啡液待用（图2、图3）。

3 在咖啡杯中依次加入适量蜂蜜、红石榴糖浆（图4）。

4 再加入碎冰至杯内约八分满，然后把冷却好的咖啡慢慢注入
杯中（图5、图6）。

5 在咖啡表面挤上一层鲜奶油，也可以摆上薄荷叶或者红樱桃
作为装饰（图7、图8）。

彩虹冰咖啡

冰摩卡咖啡

材料 Material

咖啡豆 …………17 克
冰块 ……………半杯
巧克力酱…30 毫升
牛奶 ………100 毫升
奶油 …………2 匙
巧克力碎………适量

制作方法 Parctice

1 先把咖啡豆研磨成咖啡粉（图1）。

2 使用意式咖啡机萃取出适量咖啡液待用（图2、图3）。

3 在咖啡杯中加入适量的巧克力酱，再加入冰块至杯内约八分满，借助吧匙，将冷却好的咖啡慢慢倒进杯中，在咖啡表面挤上一层鲜奶油，并放上巧克力碎作为装饰即可（图4~图6）。

薄荷冰咖啡

材料 Material

咖啡豆 ··············17 克
薄荷糖浆 ·······20 毫升
糖水 ·············15 毫升
牛奶 ············100 毫升
冰块 ················ 半杯

制作方法 Parctice

1 把咖啡豆研磨成咖啡粉（图1）。

2 使用意式咖啡机萃取出适量咖啡液待用（图2、图3）。

3 把薄荷糖浆倒入咖啡杯，再加入适量糖水搅匀备用（图4）。

4 加入冰块至杯内约六分满，再将调好的牛奶慢慢注入杯中（图5）。

5 最后轻缓地倒入咖啡液即可（图6）。

材料 Material

可乐……150 毫升
咖啡豆………17 克
冰块…………半杯

制作方法 Parctice

1 把咖啡豆研磨成咖啡粉（图1）。

2 使用意式咖啡机萃取出适量咖啡液待用（图2、图3）。

3 在咖啡杯中加入冰块，再倒入可乐至杯内约七分满（图4）。

4 最后轻缓地倒入冷却的咖啡液即可（图5、图6）。

冰可乐咖啡

摩卡星冰乐

材料 Material

咖啡豆 ………… 17 克
牛奶 …………… 200 毫升
巧克力酱 …… 30 毫升
可可粉 …………… 15 克
奶油 ………………… 适量
香草糖浆 …… 15 毫升
冰块 ……………… 半杯

制作方法 Parctice

1 先把咖啡豆研磨成咖啡粉（图 1）。

2 使用意式咖啡机萃取出适量咖啡液（图 2、图 3）。

3 把咖啡液、牛奶倒进搅拌机，再加入 1 匙可可粉和适量巧克力酱、香草糖浆、冰块搅拌均匀后，倒进咖啡杯（图 4），在表面挤上一层鲜奶油（图 5），再放上少量巧克力酱装饰即可（图 6）。

莫吉托咖啡

材料 Material

咖啡豆 ·············17 克
薄荷叶 ·············10 片
砂糖 ················1 匙
朗姆酒 ···········15 毫升
冰块 ···············半杯
柠檬汁 ···········10 毫升
苏打水 ··········100 毫升
青柠 ················1 片

制作方法 Parctice

1 先把咖啡豆研磨成
咖啡粉（图1）。

2 使用意式咖啡机萃
取出适量咖啡液待
用（图2、图3）。

3 在雪克壶中加入薄
荷叶和1匙砂糖，
稍微捣碎，再加入
朗姆酒、柠檬汁、
苏打水和冰块，搅
匀后倒入咖啡杯中
（图4、图5）。

4 把冷却的咖啡液缓
慢注入杯中，最后
放上青柠作为装饰
（图6~图8）。

材料 Material

咖啡豆 …………… 17 克
蓝莓果酱 ………… 1 匙
碎冰块 …………… 半杯
奶油 ……………… 2 匙
蓝橙力娇酒 …… 20 毫升
巧克力酱 ……… 5 毫升

制作方法 Parctice

1 先把咖啡豆研磨成咖啡粉（图1）。

2 使用意式咖啡机萃取出适量咖啡液备用（图2、图3）。

3 在咖啡杯中加入1匙蓝莓果酱，再放上碎冰块至杯内约
  七分满（图4、图5）。

4 把牛奶和冷却的咖啡液缓慢注入杯中，然后在表面挤
  上一层鲜奶油（图6~图8）。

5 最后淋上几滴蓝橙力娇酒，再淋上一些巧克力酱作为
  装饰即可。

卡尔亚冰咖啡

材料 Material

咖啡豆 …………… 17克
柠檬片 ………… 2~3片
糖水 ………… 20毫升
冰块 …………… 半杯
薄荷叶 ……… 4~5片

制作方法 Parctice

1 先把咖啡豆研磨成咖啡粉（图1）。

2 使用意式咖啡机萃取出适量咖啡液待用（图2、图3）。

3 在咖啡杯中放入少许糖水，并加入冰块至杯内约八分满，再放入柠檬片，将冷却好的咖啡液慢慢倒入杯中，最后放上薄荷叶装饰即可（图4、图5）。

柠檬冰咖啡

红叶谷冰咖啡

材料 Material

咖啡豆 ············17 克
红石榴糖浆···30 毫升
牛奶··········100 毫升
冰块··············半杯

制作方法 Parctice

1 先把咖啡豆研磨成
咖啡粉（图1）。

2 使用意式咖啡机萃
取出适量咖啡液备
用（图2、图3）。

3 使用手动打奶泡器
将牛奶打发出适量
奶泡备用（图4）。

4 在咖啡杯中加入适
量红石榴糖浆，再
加入冰块至杯内约
七分满（图5、图6）。

5 借助吧匙，把打发
好的牛奶缓慢注入
咖啡杯中（图7）。

6 继续借助吧匙，
把冷却好的咖啡液
慢慢倒入杯中，并
制造出分层的效果
（图8）。

7 最后在咖啡表面铺
上一层奶泡即可。

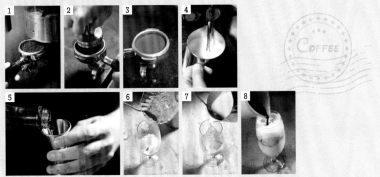

暮色拿铁

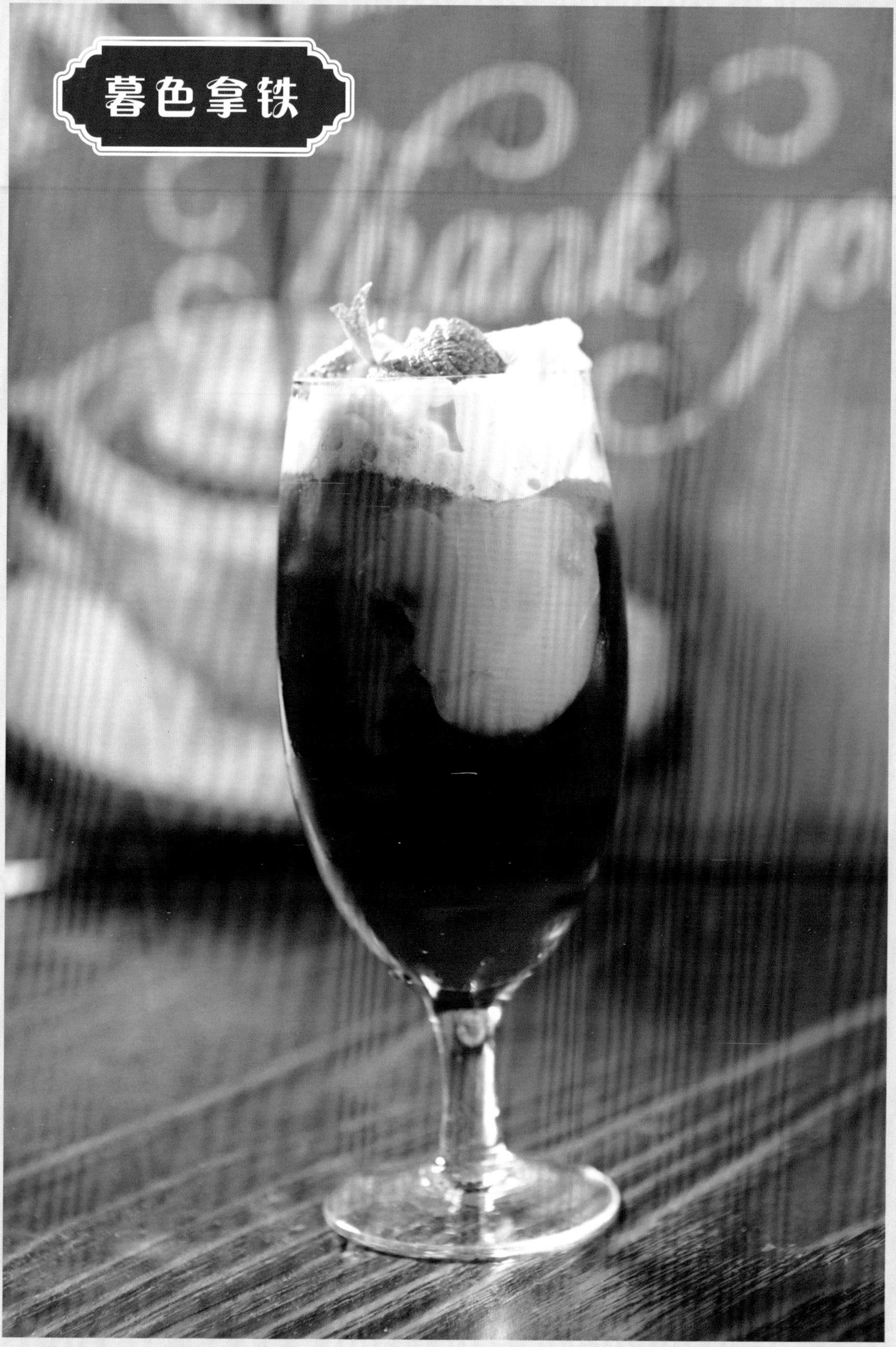

材料 Material

红石榴糖浆⋯⋯15毫升　　薄荷糖浆⋯⋯15毫升
鸡蛋黄⋯⋯⋯⋯1个　　冰块⋯⋯⋯⋯1/3杯
白兰地⋯⋯⋯15毫升　　薄荷叶⋯⋯3~4片
咖啡豆⋯⋯⋯17克　　柠檬片⋯⋯⋯1片
奶油⋯⋯⋯⋯2匙

制作方法 Parctice

1 先把咖啡豆研磨成咖啡粉（图1）。

2 使用意式咖啡机萃取出适量咖啡液备
用（图2、图3）。

3 在咖啡杯中加入适量红石榴糖浆，再
加入冰块（图4）。

4 把1个鸡蛋黄轻轻放进杯中，再注入
冷却了的咖啡液（图5）。

5 借助吧匙，把少许白兰地缓缓注入杯
中，然后挤上一层鲜奶油（图6）。

6 最后在表面上淋上少量薄荷糖浆，放
上柠檬片、薄荷叶作为装饰即可（图
7、图8）。

材料 Material

咖啡豆 ·········17 克
薄荷糖浆 ····15 毫升
冰块 ············半杯
芒果汁 ····100 毫升

制作方法 Parctice

1 先把咖啡豆研磨成咖啡粉（图1）。

2 使用意式咖啡机萃取出适量咖啡液备用（图2、图3）。

3 在咖啡杯中放入适量薄荷糖浆，再加入冰块至满杯（图4~图6）。

4 慢慢加入芒果汁，再加入冷却了的咖啡液，制作出分层效果即可（图7、图8）。

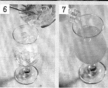

芒果薄荷冰咖啡

蓝莓奶昔

材料 Material

蓝莓·········70 克
柠檬汁····10 毫升
细砂糖·······10 克
酸奶······80 毫升
牛奶······150 毫升

制作方法 Parctice

1 蓝莓洗净后沥水，然后放入
　料理机的搅拌杯中，并加入
　细砂糖（图1、图2）。

2 再依次倒入柠檬汁、酸奶和
　牛奶（图3~图5）。

3 将搅拌杯中的混合物搅打片
　刻即可（图6）。

芒果奶昔

材料 Material

芒果果肉……70克
酸奶………100毫升
牛奶………100毫升

制作方法 Parctice

1 芒果去皮和核后，将果肉切成丁，再放入料理机的搅拌杯中（图1、图2）。

2 依次放入酸奶和牛奶（图3、图4）。

3 将搅拌杯中的混合物搅打片刻即可（图5、图6）也可再加入芒果果肉作为装饰。

材料 Material

牛油果 ·········70 克
香蕉·········70 克
牛奶······240 毫升
蜂蜜··········适量

DRINK

制作方法 Parctice

1 牛油果对半切开后，用刀在果肉上划井字，然后将果肉取出并放入料理机中的搅拌杯（图1、图2）。

2 香蕉去皮后切成小块，再和牛奶一起也放进搅拌杯（图3、图4）。

3 将搅拌杯中的混合物搅拌片刻（图5）。

4 再按口味调入适量蜂蜜拌匀即可（图6）。

牛油果香蕉奶昔

棉花糖热巧克力

材料 Material

牛奶·······················200毫升
淡奶油·······················20克
开水·······················50毫升
盐···························1克
黑巧克力······65克(65%可可脂)
香草精·······················少许
棉花糖·······················适量

制作方法 Parctice

1 把牛奶、淡奶油、开水和盐一起放入锅中,煮至50℃左右时,放入黑巧克力(图1)。

2 改小火,一边加热一边搅拌,直至黑巧克力融化,放入少许香草精拌匀后离火(图2)。

3 将热巧克力倒入杯子中,放入适量棉花糖即可(图3、图4)。

柠檬红茶

材料 Material

黄柠檬·····················4个
蜂蜜·····················300克
冰糖·····················100克
红茶茶包·····················1个
开水·····················适量
冰块·····················少许

制作方法 Parctice

1 先把黄柠檬洗净后沥水，再用刀切成薄片（图1）。

2 准备一个密闭容器，烘干后放凉，把切好的柠檬片一片片放入密闭容器中（图2）。

3 再往容器中倒入一层蜂蜜，然后继续放一层柠檬片，再倒入一层蜂蜜，直至将所有的柠檬片放入容器中，最后撒上一层冰糖，然后将容器密封好，并放入冰箱冷藏放置2天左右（图3）。

4 取一空杯，先倒入一杯开水，再放入红茶包，然后盖上保鲜膜，静置5分钟后捞出茶包（图4~图6）。

5 取几片蜜渍柠檬和蜂蜜水放入另一空杯，然后将凉至手温的红茶水倒入并搅拌均匀，最后放入少许冰块即可（图7、图8）。

材料 Material

乌梅……30 克　　洛神花…………3 克
山楂……25 克　　清水……1500 毫升
甘草……10 克　　冰糖…………60 克

制作方法 Parctice

1 把乌梅、山楂、甘草、洛神花用清水
　冲洗干净后放入容器，再加入清水浸泡 1 小时（图 1~ 图 3）。

2 将步骤 1 中浸泡后的食材倒入锅中，并加入 1500 毫升清水（图 4）。

3 先用大火将锅中的水煮开，然后转小火慢煮 40 分钟左右（图 5）。

4 加入冰糖搅拌至冰糖融化，然后滤汁去渣即可（图 6）。

酸梅汤

鸳鸯奶茶

材料 Material

红茶··············5 克   动物性淡奶油··········80 克

细砂糖··········25 克   开水················420 毫升

纯咖啡粉··········8 克

制作方法 Parctice

1 先把红茶放入玻璃杯中备用（图 1）。

2 取一口锅，放入 170 毫升左右的清水，大火煮开后冲入红茶，并泡 5 分钟左右，然后滤除茶叶，茶汁备用（图 2）。

3 将纯咖啡粉倒入容器中，先冲入 250 毫升左右的开水搅拌均匀，再倒入淡奶油搅拌均匀（图 3～图 5）。

4 把红茶汁倒入步骤 3 中，最后放入细砂糖混合均匀即可（图 6）。

珍珠奶茶

材料 Material

珍珠粉圆·······················100 克
蜂蜜···························· 2 大匙
牛奶··························250 毫升
三花全脂淡奶··············200 毫升
香草精························1/2 小匙
清水··························150 毫升
红茶包·························· 2 包
绵白糖························· 20 克

制作方法 Parctice

1 锅内放入适量水，大火煮开后放入珍珠粉圆（图1）。

2 继续加热并煮至珍珠粉圆浮起，再转小火煮5分钟至珍珠粉圆熟透，关火后闷2分钟再捞出，过凉开水（图2）。

3 把步骤2中的珍珠粉圆放入碗中，加入2大匙蜂蜜拌匀备用（图3）。

4 锅内放入150毫升清水，大火煮开后放入红茶包，继续煮1分钟后关火，再闷3分钟（图4）。

5 把三花全脂淡奶倒入步骤4中，接着倒入牛奶，放入绵白糖，然后加热至微沸，再加入香草精和匀（图5~图7）。

6 先把步骤3中的珍珠粉圆放入杯子底部，然后倒入步骤5中的奶茶即可（图8）。

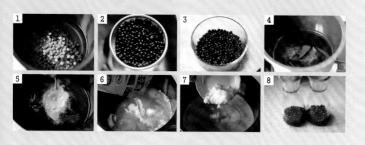

PART 2

咖 啡 店 里的 甜 品

DESSERT

材料 Material

塔皮材料：			
无盐黄油……105 克	全蛋液…… 38 克
糖粉…………… 75 克	低筋粉……170 克
盐…………1/4 小匙	杏仁粉…… 35 克

馅料：			
无盐黄油……15 克	苹果丁…… 350 克
细砂糖…… 60 克	柠檬汁…20 毫升
肉桂粉…1/2 小匙	

肉桂苹果派

制作方法 Parctice

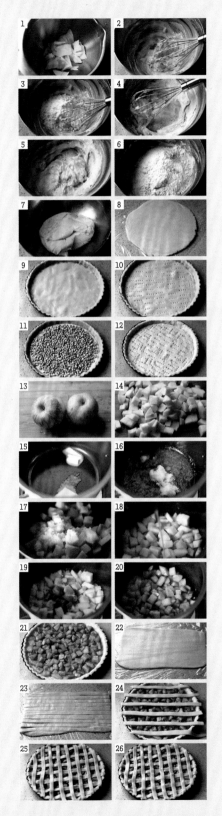

1. 黄油室温软化后，用打蛋器搅打均匀，再加入糖粉、盐搅打均匀（图1~图3）。

2. 全蛋液分两次倒入步骤1中，一边倒一边搅打均匀（图4、图5）。

3. 把低筋粉、杏仁粉混合过筛后加入步骤2中，再用刮刀拌成面团，包上保鲜膜，放入冰箱冷藏1小时（图6、图7）。

4. 取出冷藏好的面团（为了防粘，可以在表面撒一层薄粉），擀成约0.5厘米厚的圆形面块，略大于模具（图8）。

5. 将擀开的面片铺在模具内，使其底部和四周贴合，并用擀面杖擀去多余的面片，然后用叉子在面片表面扎些洞（图9、图10）。

6. 在面片表面铺上油纸，倒入重石或豆子（避免烘烤过程中，饼底凸起）铺平，放入预热180℃的烤箱，烘烤20分钟使面片上色（图11）。

7. 烘烤结束，取下油纸和油纸上的豆粒，然后将烘烤好的塔皮取出放凉备用（图12）。

8. 苹果洗净去皮后切成小块备用（图13、图14）。

9. 将无盐黄油放入锅中，隔水加热融化（图15）。

10. 先将一半的细砂糖放入步骤9中，小火熬至糖融化（图16）。

11. 将余下的细砂糖和步骤8中的苹果块放入步骤10中，并先后加入柠檬汁、肉桂粉搅拌均匀，然后用小火煮15分钟左右，待苹果变软水分收干后熄火，放凉即可。（图17~图20）。

12. 将步骤11中的苹果馅倒入步骤7中的塔皮上平铺均匀（图21）。

13. 再将剩余的塔皮擀开切割成条状，放在步骤12中的派上编织成格子状（图22~图25）。

14. 将步骤13中的半成品压紧后刷上全蛋液，静置10分钟后，放入预热180℃的烤箱，中层上下火，烘焙20分钟即可（图26）。

香蕉酥皮派

材料 Material

飞饼皮 ············ 2 张　　肉桂粉 ··········· 少许

香蕉 ················ 1 根　　全蛋液 ··········· 适量

细砂糖 ········· 40 克

制作方法 Parctice

1 先在飞饼皮的两面撒上薄粉，再叠一起，然后室温解冻（图 1）。

2 将解冻后的飞饼皮擀开呈正方形，再放入冰箱冷藏松弛 10 分钟（图 2）。

3 取出冷藏好的飞饼皮，切去边缘部分后，再分割成小正方形（图 3）。

4 把细砂糖及肉桂粉放入容器中混合均匀（图 4）。

5 香蕉去皮后切段，并对半剖开，然后放入步骤 4 中（图 5）。

6 在香蕉表面均匀裹上糖和肉桂粉，放在飞饼皮正中，并在饼皮周围刷上全蛋液（图 6）。

7 将饼皮对折，包裹住香蕉（图 7）。

8 用叉子在边缘接合处压出痕迹（图 8）。

9 把步骤 8 中的半成品排入烤盘，并用刀在表面划几刀（图 9）。

10 把步骤 9 中的半成品刷上全蛋液，放入预热 200℃的烤箱中层，烤 15 分钟，待烘烤上色即可（图 10）。

材料 Material

塔皮材料：

无盐黄油	65 克	全蛋液	25 克
糖粉	50 克	低筋粉	125 克
盐	少许		

馅料：

无盐黄油	15 克	奶粉	12 克
全蛋液	75 克	柠檬汁	几滴
细砂糖	45 克	朗姆酒	少许
杏仁粉	12 克	香蕉	适量

香蕉塔

制作方法 Parctice

1 黄油室温软化后，加入糖粉、盐，用打蛋器搅打均匀（图1~图3）。

2 把全蛋液倒入步骤1中，搅打均匀（图4、图5）。

3 把低筋粉加入步骤2中，用刮刀拌成面团，然后包上保鲜膜，放入冰箱冷藏1小时（图6~图8）。

4 取出冷藏好的面团，在表面撒上薄粉防粘（图9）。

5 将面团擀开呈圆形，略大于模具，表面用叉子扎些洞（图10、图11）。

6 将步骤5中的面块铺在模子内，底部及四周贴合，用擀面杖擀去多余的面片（图12、图13）。

7 在模具内的面块表面铺上锡纸，倒入重石或豆子（避免烘烤过程中，饼底凸起）铺平，再放入预热180℃的烤箱，烘烤20分钟，待其上色（图14）。

8 从烤箱内拿出模具，取出锡纸和重石（豆子），刷上一层蛋液，再放入烤箱，继续烘烤片刻，待其表面呈金黄色，然后取出放凉备用（图15、图16）。

9 无盐黄油隔热水融化后，倒入蛋液、细砂糖搅拌均匀（图17、图18）。

10 把杏仁粉和奶粉加入步骤9中，混合均匀（图19）。

11 把柠檬汁和朗姆酒加入步骤10中拌匀（图20）。

12 将香蕉切成厚约5毫米的片，平铺在步骤8中烤好的塔皮上（图21、图22）。

13 把步骤11中的混合物倒入步骤12中，然后在表面铺几片香蕉片（图23、图24）。

14 把步骤13中的半成品放入预热180℃的烤箱，中层上下火，烘烤20分钟即可。

材料 Material

A:	B:	C:	馅料：
杏仁粉 ····93 克	细砂糖 ··· 80 克	蛋白 ·······38 克	淡奶油 ·················100 克
可可粉 ····7 克	水 ····· 25 毫升	细砂糖 ··· 20 克	黑巧克力
糖粉 ·······100 克		蛋白粉 ···0.5 克	（65% 可可脂）······100 克
蛋白 ·······37 克			

可可马卡龙

制作方法 Parctice

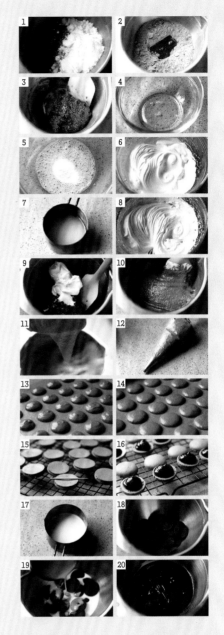

1. 把材料 A 中的杏仁粉、可可粉、糖粉混合后过筛（图 1）。

2. 将材料 A 中的蛋白倒入步骤 1 中，用刮刀抹拌均匀至无干粉状，即成杏仁糖粉面糊（图 2、图 3）。

3. 将材料 C 中的蛋白倒入无水无油的干净盆中（图 4），并将材料 C 中的细砂糖和蛋白粉混合备用。

4. 电动打蛋器开中速，将蛋白打至鱼眼泡状态后，再分两次加入细砂糖与蛋白粉，并最终将蛋白打发到干性发泡状态（图 5、图 6）。

5. 将材料 B 中的细砂糖和水放入容器，用电磁炉加热熬煮至 118℃左右时离火（图 7）。

6. 再将打蛋器开高速，将步骤 5 中的糖浆以细水流入状倒入步骤 4 的蛋白霜中，倒完糖水后，打蛋器转中速继续打发至硬性发泡状态（图 8）。

7. 步骤 6 中的蛋白霜分三次与步骤 2 中的杏仁糖粉面糊混合拌匀，直至拌好的面糊滴落如飘带状（图 9~ 图 11）。

8. 将步骤 7 中的面糊装入裱花袋，然后在油布上挤出直径约 3.5 厘米的圆形面糊，挤好后端起烤盘，轻拍几下底部，让面糊表面平坦并震出气泡（图 12、图 13）。

9. 将步骤 8 中的面糊自然晾至表皮不粘手后，放入预热 160℃的烤箱。待面糊裙边稳定回落后，将烤箱温度降至 150℃烤制，全程约 13~16 分钟。烤完后取出烤盘，放置网架上冷却，却然后夹入内馅即可（图 14~ 图 16）。

夹馅制作方法：

1. 将淡奶油放入容器，加热至微沸（图 17）。

2. 将黑巧克力缓缓倒入淡奶油中，并搅拌均匀至黑巧克力融化（图 18、图 19）。

3. 待步骤 2 中的混合物冷却至粘稠状时，将其装入裱花袋内使用即可（图 20）。

材料 Material

A:
杏仁粉 ········· 93 克
抹茶粉 ··········· 7 克
糖粉 ········· 100 克
蛋白 ············· 37 克

B:
细砂糖 ······· 80 克
水 ·········· 25 毫升

C:
蛋白 ··········· 38 克
细砂糖 ······· 20 克
蛋白粉 ······· 0.5 克

馅料:
白巧克力 ···130 克
淡奶油 ······· 80 克
抹茶粉 ······· 1 小匙

抹茶马卡龙

制作方法 Parctice

1 把材料 A 中的杏仁粉、抹茶粉、糖粉混合后过筛（图 1）。

2 将材料 A 中的 37 克蛋白倒入步骤 1 中，用刮刀抹拌均匀至无干粉状，即成杏仁糖粉面糊（图 2、图 3）。

3 将材料 C 中的 38 克蛋白倒入无水无油的盆中（图 4），并将材料 C 中的细砂糖和蛋白粉混合。

4 电动打蛋器开中速，将步骤 3 中的蛋白打至鱼眼泡状态后，将细砂糖和蛋白粉混合物分两次加入，一边加一边搅打，直到蛋白呈干性发泡状态（图 5~ 图 7）。

5 将材料 B 中的细砂糖和水放入容器中，用电磁炉加热熬煮至 118℃ 离火（图 8）。

6 将打蛋器开至高速，将步骤 5 中熬好的糖浆以细水流入状的方式，倒入步骤 4 中的蛋白霜中，倒完糖水后，打蛋器转中速继续打发蛋白至硬性发泡状态（图 9、图 10）。

7 将打好的蛋白霜分三次与步骤 2 中的杏仁糖粉面糊混合，直到拌好的面糊滴落如飘带状（图 11~ 图 13）。

8 将面糊装入裱花袋内，然后在油布上挤出直径约 3.5 厘米的圆形面糊，挤好后端起烤盆，轻拍几下底部，让其面糊流平并震出气泡（图 14、图 15）。

9 在面糊表面撒少许彩色糖，自然晾至表皮不粘手后，放入预热 160℃ 的烤箱，待裙边稳定回落后，将温度降至 150℃ 烤制，全程约 13~16 分钟（图 16）。

10 烤好并待其完全冷却后，从垫子上取下，然后夹入内馅。

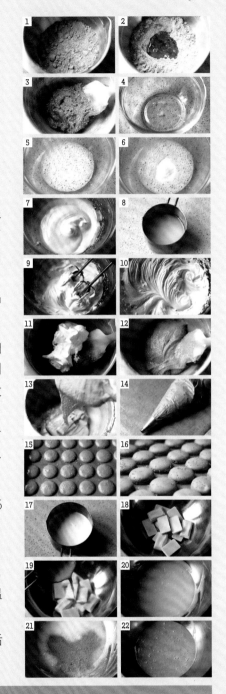

夹馅制作方法：

1 将 80 克淡奶油放入容器中，加热至微沸（图 17）。

2 将 130 克白巧克力慢慢加入步骤 1 中，搅拌均匀至白巧克力融化（图 18~ 图 20）。

3 将 1 小匙抹茶粉筛入步骤 2 中搅拌均匀（图 21）。

4 待步骤 3 中的混合物冷却至黏稠状，装入裱花袋内使用即可（图 22）。

烤面包布丁

材料 Material

吐司……………2 片
全蛋……………2 个
糖粉……………30 克
牛奶…………250 毫升
香草精…………1 小匙
酒渍葡萄干……20 克
蔓越莓…………少许
肉桂粉…………少许
开心果碎………少许

制作方法 Parctice

1 吐司放入预热 200℃的烤箱中层烤 3 分钟至吐司表面呈金黄色（图 1）。

2 取出烤好的吐司，去掉边缘，切成小块备用（图 2）。

3 把糖粉放入容器中，加入牛奶搅拌至糖粉溶化（图 3）。

4 把全蛋磕入碗中，打散后倒入步骤 3 的牛奶中，搅拌均匀（图 4、图 5）。

5 将步骤 4 中的混合物过筛两次，留取细腻的牛奶鸡蛋溶液（图 6）。

6 把香草精加入步骤 5 中搅拌均匀（图 7）。

7 将步骤 2 中的吐司块放入烤碗中，倒入步骤 6 中的蛋奶液，撒少许肉桂粉，再放入酒渍葡萄干及蔓越莓（图 8~图 11）。

8 在烤盘中注水，再将烤碗放入烤盘，一起放入预热 200℃的烤箱，中层，烘焙 30 分钟左右，出炉后撒上少许开心果碎即可趁热享用（图 12）。

材料 Material

牛奶…200毫升　细砂糖…25克　抹茶粉…5克
淡奶油…150克　吉利丁片…5克

制作方法 Parctice

1 把吉利丁片放入冰水中泡软，然后沥干水份备用（图1）。

2 把牛奶及淡奶油倒入奶锅，再放入细砂糖，小火加
　热至糖融化（图2、图3）。

3 将抹茶粉筛入步骤2的牛奶溶液中，一边筛一边搅
　拌，然后关火（图4~图6）。

4 把步骤1中泡软的吉利丁放入步骤3中，搅拌均匀（图7）。

5 把步骤4中的溶液倒入烘干后的容器中，冷藏至凝固
　即可（图8）。

抹茶布丁

材料 Material

牛奶·····250毫升	细砂糖·····60克	柠檬汁·······几滴
香草荚·····1/3枝	鱼胶粉·····6克	香草精·······适量
蛋黄·········3个	清水·····20毫升	淡奶油·····360克

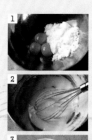

制作方法 Parctice

1 把蛋黄及细砂糖放入盆中，用打蛋器搅打至颜色发白（图1、图2）。

2 把鱼胶粉放入干净容器中，倒入清水及柠檬汁，待鱼胶粉泡发膨胀后，隔着热水溶解（图3、图4）。

3 把香草荚对半剖开，刮出香草籽（图5）。

4 将牛奶倒入锅中，放入香草荚及香草籽，中火加热至微沸状态(图6)。

5 把步骤4中的牛奶倒入步骤1的蛋黄中，一边倒一边快速搅拌(图7)。

6 将步骤5中混合后的牛奶蛋黄溶液倒回锅中，小火继续加热，一边加热一边搅拌，直至黏稠后离火（图8）。

7 把步骤2中的鱼胶粉溶液倒入步骤6中，搅拌均匀后放凉，再倒入少许香草精搅拌均匀（图9、图10）。

8 把淡奶油倒入容器中，用电动打蛋器先低速后高速搅打至淡奶油出现纹理（图11）。

9 将步骤7中的溶液倒入步骤8中，用打蛋器搅打均匀（图12）。

10 将步骤9中的混合物倒入干净容器中，冷藏4小时以上，定形即可（图13）。

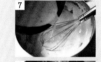

香草鲜奶冻

红豆荔枝冰

材料 Material

新鲜荔枝……30 颗
红豆沙……200 克

制作方法 Parctice

1 荔枝去壳（图1、图2）。

2 再用水果刀沿着果核处划一圈，然后轻轻转一下取出果核（图3、图4）。

3 把红豆沙装入裱花袋中（图5）。

4 再将红豆沙挤入荔枝果肉里（图6）。

5 把步骤4中的荔枝盛入容器，再放入冰箱冷冻至硬即可。

芒果冰激凌

材料 Material

蛋黄·············· 3 个   芒果肉 ········ 350 克

牛奶··········180 毫升   淡奶油 ········ 250 克

细砂糖 ········· 80 克

制作方法 Parctice

1 把蛋黄盛入碗中，再加入 50 克细砂糖，然后用打蛋器搅匀（图 1）。

2 把牛奶加入步骤 1 中搅拌均匀（图 2）。

3 把步骤 2 中的牛奶蛋黄液倒入锅中，小火慢慢熬煮至黏稠，然后离火（图 3），并放置晾凉备用。

4 芒果去皮去核，取出大约 250 克果肉，用料理机打成芒果泥（图 4）。

5 余下约 100 克芒果肉备用（图 5）。

6 把淡奶油倒入容器中，放入 30 克细砂糖，用打蛋器打至六七分发（图 6）。

7 把步骤 3 中的蛋黄牛奶溶液倒入步骤 4 的芒果泥中拌匀（图 7）。

8 把步骤 7 中的混合物倒入步骤 6 的淡奶油中拌匀（图 8）。

9 冰激凌机提前放入冰箱冷冻 12 小时后取出，将步骤 8 中的混合物倒入冰激凌机内（图 9）。

10 再加入剩余的 100 克芒果肉，搅拌 20 分钟左右至其凝固即可（图 10）。

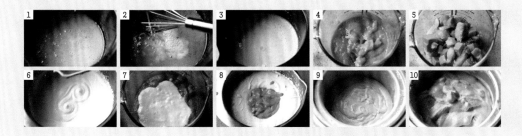

奥利奥冰激凌

材料 Material

蛋黄 ············ 2个
细砂糖 ········ 40克
牛奶 ·········· 80毫升
淡奶油 ········ 120克
奥利奥饼干
···· 1包（约130克）
香草精 ·········· 适量

制作方法 Parctice

1 取一包奥利奥饼干，用小刀将其对半剖开，然后去除夹心（图1、图2）。

2 将步骤1中的饼干放入料理机中打成粉末状备用（图3）。

3 把蛋黄和细砂糖放入盆中，用打蛋器搅打至颜色发白（图4、图5）。

4 牛奶倒入小锅中，煮至微沸后，再倒入步骤3的蛋黄中，一边倒一边快速搅拌（图6）。

5 将步骤4中的牛奶蛋黄溶液放凉备用（图7）。

6 把淡奶油倒入容器中，用电动打蛋器先低速后高速搅打，待其出现纹理（图8）。

7 把香草精放入步骤6中，继续用打蛋器搅拌片刻至其6~7分发（图9）。

8 把步骤7中打好的淡奶油放入步骤5的牛奶蛋黄溶液中，用刮刀稍稍混合（图10）。

9 冰激凌机提前放入冰箱冷冻12小时后取出（图11）。

10 将步骤9中的混合物倒入冰激凌机内，再加入奥利奥饼干碎，搅拌15分钟左右至其凝固即可（图12）。

材料 Material

奥利奥饼干…1包（约130克）

淡奶油······················250克

炼乳····························50克

制作方法 Parctice

1 取一包奥利奥饼干，用小刀将饼干对半剖开，去除夹心（图1、图2）。

2 将步骤1中的饼干放入料理机中，搅打成粉末状备用（图3）。

3 把淡奶油倒入容器中，用电动打蛋器先低速后高速搅打片刻（图4）。

4 把炼乳加入步骤3中，继续搅打至打发状态（图5）。

5 将步骤4中打好的奶油装入裱花袋备用（图6）。

6 取一个干净杯子，先在杯底放入步骤2中的饼干碎，并用匙子压实（图7）。

7 将步骤5中的裱花袋前端剪一小口，将奶油挤入杯中，盖住饼干碎（图8）。

8 继续撒上一层饼干碎，再挤上奶油（图9）。

9 重复步骤8，直至将杯子装满（图10）。

10 将步骤9中的半成品放入冰箱冷藏3~5小时即可。

奥利奥木糠杯

木糠杯

材料 Material

玛利亚饼干·········· 110 克
淡奶油 ·············· 250 克
炼乳 ·················· 50 克

制作方法 Parctice

1 先将饼干放入料理机中，搅打成粉末状备用（图 1、图 2）。

2 将淡奶油倒入干净容器中，用电动打蛋器先低速后高速搅打片刻
   （图 3、图 4）。

3 将炼乳倒入步骤 2 的奶油中，继续搅打至打发状态（图 5、图 6）。

4 将步骤 3 中打好的奶油装入裱花袋备用。

5 取一个干净杯子，先在底部放入步骤 1 中打好的饼干碎，并用匙
   子压实（图 7）。

6 将步骤 4 中裱花袋的前端剪一个小口，再将奶油挤入杯中，盖住
   饼干碎（图 8）。

7 继续撒上一层饼干碎，再挤上一层奶油。

8 重复步骤 7，直至杯子装满。

9 将做好的木糠杯放入冰箱冷藏 2 小时即可。

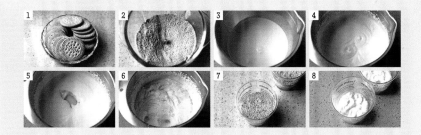

芒果班戟

材料 Material

饼皮材料：

牛奶······250 毫升　鸡蛋···········3 个

糖粉··········30 克　黄油·········20 克

低筋粉······50 克　玉米淀粉···30 克

夹馅材料：

淡奶油··········350 克

细砂糖·············40 克

香草精············少许

新鲜芒果果肉····适量

制作方法 Parctice

1 饼皮制作方法请参考芒果千层蛋糕（P110）。饼皮制作好后备用。

2 把淡奶油倒入干净容器中，放入细砂糖和香草精，用电动打蛋器先低速后高速打至八分发（图1~图3）。

3 芒果去皮后，将果肉切成大块（图4）。

4 取一张饼皮，光滑面朝下，在饼皮中间位置挤入适量打发后的奶油（图5）。

5 在奶油上，放上一块芒果果肉（图6）。

6 再用适量奶油盖住芒果果肉（图7）。

7 然后将饼皮底部向上翻折，盖在奶油上，同时将左右两边的饼皮向中间翻折，最后将上部的饼皮往下翻折，完全包裹住奶油及芒果（图8、图9）。

8 将做好的班戟翻转后，放入冰箱冷藏半小时即可（图10）。

材料 Material

菠萝皮材料：	泡芙面糊材料：	
黄油 …………… 30 克	黄油 ……… 45 克	盐 ……………………… 少许
细砂糖 ………… 20 克	水 ……… 90 毫升	低筋粉 ……… 60 克（过筛）
低筋粉 ………… 38 克	糖 ……… 少许	鸡蛋 ……… 2 个（约 110 克）

菠萝泡芙

制作方法 Parctice

制作馅料：

1 蛋黄盛入容器中搅散，再加入细砂糖，并用打蛋器搅打均匀（图1～图3）。

2 把低筋粉筛入步骤1中拌匀（图4）。

3 把牛奶倒入小锅，再将香草荚对半剖开，刮出香草籽后，将香草籽连同香草荚一起放入牛奶中，煮至微沸（图5）。

4 将步骤3中的牛奶溶液缓缓倒入步骤2中的蛋黄面糊中，一边倒一边搅拌均匀（图6）。

5 再将步骤4中的混合物过筛后倒回锅中，继续用小火加热，一边加热一边搅拌，直至锅内的混合物变得浓稠，然后离火放凉，即成卡仕达酱（图7、图8）。

6 将淡奶油盛入另一干净容器中，打至八分发（图9、图10）。

7 将步骤5中的卡仕达酱放入步骤6的淡奶油中混合均匀后装入裱花袋（图11、图12）。

制作菠萝皮：

1 黄油室温软化后，加入细砂糖，用打蛋器搅打均匀（图13、图14）。

2 把过筛后的低筋粉筛入步骤1中拌匀（图15）。

3 拌好的面团用保鲜袋包好，送入冰箱冷藏（图16）。

馅料（香草卡士达酱）：

蛋黄 ·····················3 个
细砂糖 ·················· 55 克
牛奶 ·················· 250 毫升
低筋粉 ·················· 25 克
香草枝 ········1/4（或香草精少许）
淡奶油 ·················· 100 克

制作泡芙：

1. 把水和黄油放入锅里，再放入少许糖和盐，中火加热并轻轻晃动锅子，直至沸腾（图17、图18）。

2. 转小火后，将低筋粉过筛后一次性倒入锅中，并用木匙快速搅拌，使面粉和水完全融合，且不粘锅时熄火（图19、图20）。

3. 鸡蛋磕入碗中，搅散成蛋液，待面糊冷却到不太烫手时，分次加入蛋液，并用木匙充分搅拌，每次都要搅拌到面糊与蛋液融合后，再加下一次蛋液（图21）。

4. 蛋液加完后，在不断搅拌中，面糊会变得越来越有光泽，直至用筷子挑起面糊，滴落的面糊呈倒三角形状即可（图22）。

5. 将裱花嘴装入裱花袋内，再将步骤4中的面糊倒入裱花袋内（图23）。

6. 把面糊挤在烤盘上（图24）。

7. 取出冷藏好的菠萝皮面团，切片并盖在步骤6中烤盘内的面糊上（图25）。

8. 把烤盘送入预热210℃的烤箱，烤10~15分钟左右，当泡芙膨胀起来后，把温度降低到180℃，继续烤20~30分钟，直至泡芙表面呈黄褐色，然后用烤箱中的余温焖10分钟后取出（图26）。

9. 待泡芙完全冷却，在底部挖一个洞，用泡芙花嘴从底部灌入卡士达奶油馅即可。

材料 Material

蛋糕材料：		表面装饰及夹心材料：
蛋黄…………2个	低筋粉……60克	黑巧克力币………150克
蛋白…………2个	白醋…………几滴	棉花糖………………适量
细砂糖……60克		

巧克力软心派

制作方法 Parctice

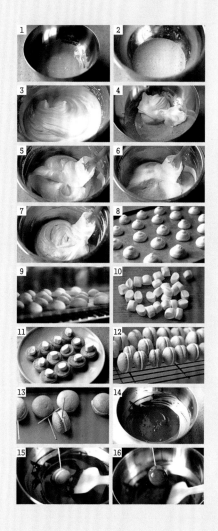

1 把蛋黄盛入无水无油的干净盆中，加入10克细砂糖，用手动打蛋器搅打均匀（图1）。

2 把蛋白盛入另一干净盆中，加几滴白醋，用电动打蛋器先低速搅打至粗泡（图2）。

3 余下的50克细砂糖，分3次放入步骤2中，并先低速后高速，将蛋白打至湿性发泡（图3）。

4 步骤3中的蛋白糊，取1/3加入步骤1中拌匀（图4）。

5 再把步骤4中的蛋黄糊倒入剩余的蛋白糊内切拌均匀（图5）。

6 低筋粉过筛后，分4次拌入步骤5的蛋黄糊中，每次都要拌至无干粉状，再加入下一次（图6）。

7 将拌好的面糊装入裱花袋（图7）。

8 在裱花袋顶端剪一小口，将面糊大小均匀地挤在垫有油布的烤盘上（图8）。

9 把烤盘放入预热185℃的烤箱，中层烤12分钟左右，待其表面呈金黄色，然后取出放凉备用（图9）。

10 把每粒棉花糖剪成两份（图10）。

11 步骤9中的蛋糕胚，底部朝上，平铺在烤盘上，然后在其表面放半颗棉花糖（图11）。

12 再把烤盘放入微波炉，加热约半分钟后取出，随即盖上另一块蛋糕胚（图12）。

13 在每一块派上扎入一根牙签。（图13）。

14 把巧克力币放入容器中，隔着热水融化成顺滑的巧克力溶液（图14）。

15 手握牙签，分别将每一块派放入巧克力溶液中，在派上迅速裹一层巧克力，再甩掉表面多余巧克力（图15、图16）。

16 把步骤15中的巧克力派放在适合的地方（可以直接扎在泡沫上），待巧克力表面凝固后，取下牙签即可。

雪媚娘

材料 Material

牛奶⋯⋯⋯200毫升　　细砂糖⋯⋯⋯50克

糯米粉⋯⋯⋯120克　　黄油⋯⋯⋯⋯35克

糖粉⋯⋯⋯⋯20克　　淡奶油⋯⋯⋯200克

玉米淀粉⋯⋯30克

制作方法 Parctice

1 把糯米粉、玉米淀粉、细砂糖盛入容器中混合均匀（图1）。

2 把牛奶加入步骤1中，并用打蛋器搅打至无颗粒状态（图2、图3）。

3 黄油隔着热水融化后，倒入步骤2的牛奶面糊中搅拌均匀，然后盖上保鲜膜，并放入微波炉用中火叮3分钟后取出（图4、图5）。

4 步骤3中的面团用筷子搅匀后取出，揉成光滑的面团，再用保鲜膜包好，放入冰箱冷藏半小时（图6）。

5 再取少些糯米粉，用炒锅小火炒至颜色微黄，然后放凉作为面皮手粉备用（图7）。

6 将淡奶油倒入容器中，再放入糖粉，然后用电动打蛋器先低速后高速打至八分发（图8~图10）。

7 将步骤4中冷藏好的面团取出，表面撒少许步骤5中的手粉，再平均分割成若干小面团（图11、图12）。

8 每个小面团分别揉捏成光滑的面团，然后压扁，并擀成薄片（图13）。

9 将步骤6中打发好的奶油挤在面片中间，再放入适量芒果果肉，再挤入适量奶油，然后将面皮包起，捏紧收口（图14~图16）。

10 收口朝下，将做好的雪媚娘放入冰箱冷藏半小时即可食用（图17、图18）。

材料 Material

牛奶………250 毫升
淡奶油………100 克
玉米淀粉……40 克
细砂糖………30 克
香草精……1/2 小匙
椰蓉……………适量

制作方法 Parctice

1 把玉米淀粉放入盆中，倒入 50 毫升牛奶，用打蛋器搅拌均匀（图1、图2）。

2 把余下的牛奶和细砂糖放入锅中，倒入淡奶油，加入香草精，小火加热至微沸（图3）。

3 再将步骤 1 中的牛奶淀粉溶液缓缓倒入步骤 2 中，一边倒一边搅拌，直至溶液变得粘稠（图4、图5）。

4 取一干净容器，在底部均匀撒上一层椰蓉（图6）。

5 将步骤 3 中煮好的面糊倒入 4 中，然后放凉（图7）。

6 将步骤 5 中的面糊连同容器一起放入冰箱冷藏过夜，隔日取出后，切成均匀的小块，并在表面撒上一层椰蓉即可（图8~图10）。

椰蓉牛奶小方

椰香蜜豆蛋挞

材料 Material

淡奶油·········50 克　　糖粉·········15 克　　椰蓉·········10 克
椰浆·········40 毫升　　蛋黄·········1 个　　蜜豆·········适量
牛奶·········30 毫升　　低筋粉·········5 克　　手工挞皮·········6 个

制作方法 Parctice

1　把淡奶油、牛奶、椰浆盛入容器中，搅拌均匀，再加入糖粉，并拌至糖粉融化（图1）。

2　继续在步骤1中放入蛋黄，搅拌均匀（图2）。

3　把低筋粉倒入步骤2中，搅拌均匀（图3）。

4　将步骤3中拌好的挞水过滤两次（图4）。

5　再把椰蓉放入步骤4中拌匀（图5）。

6　将手工挞皮室温回软（图6）。

7　分别将适量蜜豆放入挞皮内（图7）。

8　步骤5中的挞水倒入步骤7的挞皮内约八分满，放入预热200℃的烤箱，中层，烘烤25分钟出炉，撒上少许椰蓉即可（图8）。

紫薯蛋挞

材料 Material

紫薯·········1个　　牛奶····50毫升　　蛋黄··········1个　　低筋粉····5克

淡奶油···60克　　糖粉········18克　　炼乳········8克　　手工挞皮···6个

制作方法 Parctice

1 紫薯去皮后切成丁，然后上锅蒸熟备用（图1）。

2 将淡奶油、牛奶及炼乳放入容器中搅拌均匀（图2）。

3 把糖粉放入步骤2中拌至融化（图3）。

4 把蛋黄放入步骤3中搅拌均匀（图4）。

5 把低筋粉倒入步骤4中继续搅拌均匀（图5）。

6 将步骤5中拌好的挞水过滤两次（图6）。

7 手工挞皮室温回软（图7）。

8 将蒸熟的紫薯丁放入挞皮内（图8、图9）。

9 把步骤6中的挞水倒入步骤8的挞皮中约八分满（图10）。

10 把做好的半成品蛋挞送入预热200℃的烤箱，中层，烘烤25分钟即可。

材料 Material

芋头泥 …… 100 克	木薯粉 …… 150 克	南瓜泥 …… 100 克
细砂糖 …… 30 克	蜜豆 …… 80 克	紫薯泥 …… 100 克
糯米粉 …… 30 克	牛奶 …… 250 毫升	三花淡奶 …… 50 克

制作方法 Parctice

1 紫薯、南瓜、芋头分别洗净，对半剖开，再放入蒸锅蒸熟，然后放凉去皮，再分别放入保鲜袋中压成泥（图1）。

2 将10克细砂糖放入芋头泥中，加入10克糯米粉及50克木薯粉，揉匀成团（图2、图3）。

3 按步骤2中的方法，分别在紫薯泥和南瓜泥中加入细砂糖和粉类，揉成团（图4）。

4 在案板上撒一层薄粉，把揉好的面团分别搓成粗细均匀的条状，再用刀切成小丁（图5、图6）。

5 在锅中倒入适量清水烧沸，放入芋圆丁、紫薯丁和南瓜丁，煮开后转小火，煮至芋圆丁等浮起时再继续煮1分钟，然后捞出过凉水备用（图7~图9）。

6 将牛奶、三花淡奶、蜜豆放入锅中煮开，再放入步骤5中的芋圆丁等，继续煮开即可（图10）。

蜜豆芋圆甜汤

水果酸奶西米捞

材料 Material

樱桃············1把	西米············50 克
芒果············2 个	三花淡奶······30 毫升
荔枝············6 颗	细砂糖··········20 克
酸奶·········100 克	清水············适量
椰浆········100 毫升	

制作方法 Parctice

1 在锅中倒入适量清水，煮沸后放入西米，然后转小火煮10分钟，边煮边搅拌，以防粘锅（图1）。

2 待西米煮至米粒中只有少许白芯后，关火（图2）。

3 盖上锅盖闷10分钟左右，直至西米变成完全透明的颗粒（图3）。

4 将步骤3中的西米捞出，先过凉水，再放入冰水中浸泡片刻后捞出，盛入干净容器（图4）。

5 将三花淡奶倒入步骤4中，再加入细砂糖拌匀（图5）。

6 樱桃洗净去核，然后对半剖开；芒果对半剖开后划井字，挖取果肉；荔枝剥壳去核后，果肉切成小块备用（图6）。

7 把酸奶和椰浆倒入步骤5中混合均匀（图7）。

8 最后把樱桃、芒果、荔枝果肉放入步骤7中混合均匀即可（图8）。

杨枝甘露

材料 Material

芒果········500 克
牛奶······150 毫升
椰浆······200 毫升
细砂糖······20 克
西柚·········半个
西米·········50 克

制作方法 Parctice

1 芒果洗净后，对半剖开，划"井"字刀，取出果肉备用（图1、图2）。

2 西柚切开后，剥下果肉备用（图3、图4）。

3 取大约150克芒果果肉，放入料理机的搅拌杯中，再倒入椰浆（图5、图6）。

4 继续把牛奶、细砂糖加入步骤3中，用料理机搅拌片刻，直至芒果果肉与牛奶呈细腻溶液状（图7、图8）。

5 在锅中倒入适量清水，煮沸后放入西米，然后转小火煮10分钟，边煮边搅拌，以防粘锅。

6 待西米煮至米粒中只有少许白芯后，关火，然后盖上锅盖闷10分钟左右，直至西米变成完全透明的颗粒。

7 将步骤6中的西米捞出，先过凉水，再放入冰水中浸泡片刻后捞出，盛入干净容器。

8 把步骤4中的牛奶溶液倒入步骤7中，再加入余下的西柚和芒果果肉，搅拌均匀即可（图9）。

PART 3

咖啡店里的小饼干和蛋糕
COOKIE & CAKE

斑马纹曲奇

材料 Material

无盐黄油······ 70 克　　全蛋液 ········· 25 克

糖粉 ············· 40 克　　可可粉 ········· 1 小匙

低筋粉 ········· 130 克

制作方法 Parctice

1 黄油室温软化后用打蛋器搅打均匀，再放入糖粉搅打至颜色变浅（图1~图4）。

2 全蛋液分2次放入步骤1中，每次都要混合均匀后再加入（图5）。

3 把低筋粉筛入步骤2中，用抹刀切拌均匀（图6、图7）。

4 从步骤3的面团中取出80克加入可可粉拌匀，做成可可面团（图8）。

5 把2份面团分别擀开呈大小一致的长方形饼皮（图9、图10）。

6 把2块饼皮叠放在一起，用刀等分切成2块，再叠加在一起，再切开，再叠加（图11~图13）。

7 将叠好的面团用保鲜膜包好，滚圆后入冰箱冷冻半小时以上（图14）。

8 取出冷冻好的面团，切成8毫米左右的厚片，排入烤盘中（图15）。

9 把烤盘放入预热至180℃的烤箱，烘焙15分钟后取出，放在网架上放凉，然后装入密封容器内保存。

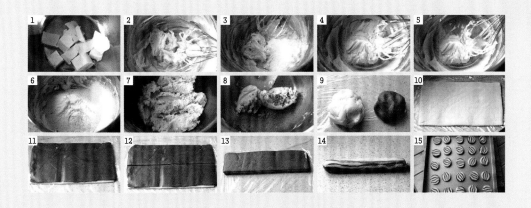

香草曲奇

材料 Material

无盐黄油……100 克	低筋粉………145 克
糖粉…………40 克	全蛋液………40 克
细砂糖………20 克	香草精…………少许

制作方法 Parctice

1 把黄油放入干净的盆中,室温软化后搅打均匀(图1)。

2 加入糖粉和细砂糖(图2)。

3 继续搅打至黄油颜色变浅,呈羽毛状(图3)。

4 将鸡蛋磕入碗中,打散后分2次加入步骤3中(图4)。

5 每次都要充分拌匀后再加入剩下的蛋液(图5)。

6 把香草精加入步骤5中用刮刀拌匀(图6)。

7 将低筋粉筛入步骤6中(图7)。

8 并用切拌的方法将低筋粉与黄油拌匀(图8)。

9 在裱花袋中装入裱花嘴,然后将曲奇面糊装入裱花袋内,再将面糊挤入烤盘,放入预热185℃的烤箱,烤约18分钟后,取出烤盘,待曲奇放凉后密闭保存(图9)。

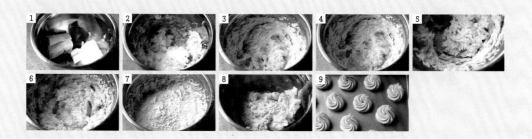

材料 Material

无盐黄油… 80 克

糖粉……… 40 克

盐 ………1/4 小匙　　可可粉……1 小匙

低筋粉……120 克　　核桃………适量

全蛋液……15 克　　巧克力………适量

制作方法 Parctice

1 黄油室温软化后，用打蛋器搅打均匀（图 1）。

2 把糖粉和盐加入步骤 1 中，继续搅打至黄油颜色变浅（图 2）。

3 把全蛋液分两次放入步骤 2 中，每次都要混合均匀后再加入余下的蛋液（图 3、图 4）。

4 把低筋粉筛入步骤 3 中，并用抹刀切拌均匀（图 5、图 6）。

5 把步骤 4 中的面团取出一半，然后在余下的面团中加入可可粉拌匀（图 7）。

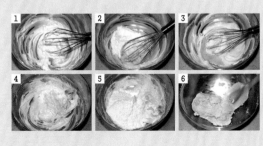

仓鼠饼干

6 分别把2份面团用保鲜膜包裹好，再放入冰箱冷藏松弛半小时（图8）。

7 在案板上撒少许手粉，取出冷藏好的面团，分别擀成厚约8毫米的面片（图9）。

8 先用模具在面片上压刻出仓鼠的轮廓，然后把仓鼠轮廓小心移到不粘烤盘上（图10）。

9 再用另外的模具在面片上抠出仓鼠的肚子，并用模具在可可面片上刻出仓鼠的爪子，放在仓鼠轮廓的肚子部位（图11、图12）。

10 在爪子中间放上半颗核桃（图13）。

11 把烤盘放入预热180℃的烤箱，烘烤15分钟左右，待白色面团微微上色即可，取出放在晒网上放凉；巧克力融化后，在饼干表面画出仓鼠的眼睛鼻子，然后放入密封盒内保存（图14）。

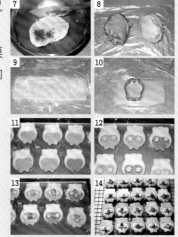

材料 Material

可可面团：

无盐黄油······60克	泡打粉·········1/2小匙	全蛋液········20克
糖粉············60克	低筋面粉·········110克	香草精··········少许
盐·············1克	可可粉·············15克	

花生可可饼干

花生酱馅料：	其他：
花生酱 ……………180 克	表面装饰用粗砂糖 …… 适量
低筋面粉……………45 克	
细砂糖 ……………50 克	

制作方法 Parctice

1 花生酱放入盆中（图1）。

2 加入细砂糖、低筋粉，切拌均匀后和成面团，再放入冰箱冷藏半小时使其凝固（图2）。

3 无盐黄油切成小丁，室温软化后用打蛋器搅匀（图3）。

4 把糖粉和盐加入步骤3中（图4）。

5 继续搅打至黄油颜色发白，体积膨大（图5）。

6 蛋液分2次加入步骤5中，每次都要搅拌均匀至黄油和蛋液完全融合再加余下的（图6）。

7 把香草精加入步骤6中搅拌均匀（图7）。

8 把低筋面粉、泡打粉、可可粉混合后筛入步骤7中（图8）。

9 再切拌均匀并和成面团，放入冰箱冷藏半小时（图9）。

10 把步骤2中的花生酱馅和步骤9中的可可面团分别按每份15克分割并滚圆（图10）。

11 把可可面团压扁，再放入花生酱馅面团（图11）。

12 然后用可可面团包裹住花生酱面团（图12）。

13 把步骤12中的面团放入粗砂糖中滚一圈，让其表面粘满糖（图13）。

14 然后排放在烤盘上，再用手将面团压扁。把烤盘放入预热180℃的烤箱，上下火，中层烤20分钟，熄火后闷10分钟（图14）。

咖啡小花

材料 Material

无盐黄油······125 克　　全蛋液········35 克

糖粉·············80 克　　咖啡粉·········5 克

高筋粉·········130 克　　热水···········2 毫升

玉米淀粉······60 克　　香草精········1 小匙

可可粉··········2 克

制作方法 Parctice

1. 无盐黄油切丁，室温软化后用打蛋器搅匀（图1、图2）。

2. 往步骤1中加入65克糖粉继续搅打至黄油颜色发白，体积膨大（图3、图4）。

3. 鸡蛋液加15克糖粉，搅拌至糖粉融化后，分两次加入步骤2中，每次都要搅拌均匀至黄油和蛋液完全融合再加入余下的蛋液（图5~图8）。

4. 咖啡粉中兑入热水，搅拌融化后，倒入步骤3中（图9~图11）。

5. 用打蛋器将步骤4中的混合溶液搅拌均匀，再倒入香草精搅拌均匀（图12、图13）。

6. 将高筋粉、玉米淀粉、可可粉混合后筛入步骤5中的黄油内，并用抹刀切拌均匀（图14、图15）。

7. 把8齿曲奇花嘴放入裱花袋口中，再将面糊放入裱花袋。

8. 在烤盘上挤出面糊，再将烤盘放入预热170℃的烤箱，上下火，中层烤20分钟，熄火后闷10分钟（图16）。

摩卡饼干

材料 Material

无盐黄油┄┄80克　　咖啡粉┄┄┄┄5克

细砂糖┄┄┄60克　　糖粉┄┄┄┄┄适量

低筋面粉┄┄140克　热水┄┄┄┄┄适量

全蛋液┄┄┄30克

制作方法 Parctice

1 无盐黄油切成小丁，室温软化后用打蛋器搅匀（图1、图2）。

2 把细砂糖加入步骤1中继续搅打至黄油颜色发白，体积膨大（图3）。

3 全蛋液分2次加入步骤2中，每次都要搅拌均匀，直至黄油和蛋液完全融合后再加余下的（图4、图5）。

4 把热水兑入咖啡粉，并搅拌使咖啡粉融化，然后倒入步骤3中，继续用打蛋器搅拌均匀（图6）。

5 把低筋面粉筛入步骤4中，用抹刀切拌均匀（图7、图8）。

6 把8毫米的圆口花嘴放入裱花袋中，再将步骤5中的面糊装入裱花袋（图9）。

7 把步骤6中的面糊挤在烤盘上，挤成螺旋形（图10）。

8 把烤盘放入预热180℃的烤箱，上下火，中层烤约15分钟。

9 出炉晾凉后，在饼干表面撒少许糖粉。

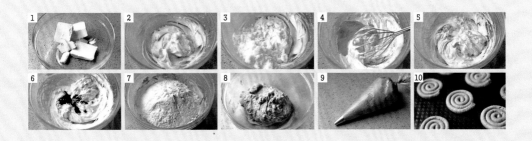

口袋饼干

材料 Material

低筋粉···150克　　炼乳·······35克　　奶粉·····40克　　糖粉·····20克

淡奶油···45克　　全蛋液···30克　　盐···········1克

制作方法 Parctice

1 把全蛋液、淡奶油、炼乳放入容器中搅拌均匀（图1、图2）。

2 低筋粉、糖粉、奶粉、盐混合后，倒入步骤1的蛋奶溶液中（图3）。

3 将步骤2中的混合物用刮刀拌匀成面团（图4、图5）。

4 把步骤3中的面团擀成厚约4毫米的面片，放入冰箱冷藏半小时以上（图6）。

5 取出冷藏好的面片对折，再用擀面杖擀成厚约7毫米的面片（图7）。

6 先用刀将面片切出宽约7毫米的条状，再切成正方形，放入烤盘排好（图8~图10）。

7 把烤盘放入预热180℃的烤箱，中层，上下火烤20~25分钟，烤至饼干表面变成金黄色即可。

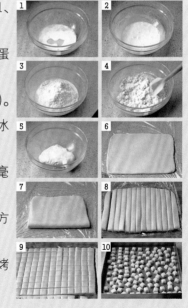

材料 Material

无盐黄油······80 克

糖粉··········55 克

低筋面粉·····115 克

玉米淀粉·····65 克

奶粉··········45 克

全蛋液········50 克

制作方法 Parctice

1 黄油室温软化后，加入糖粉打至黄油颜色发白，体积膨大（图1～图3）。

2 分2次加入鸡蛋液，每次都要搅拌至黄油将蛋液完全吸收后再加入下一次（图4）。

3 将低筋粉、玉米淀粉、奶粉混合后，筛入步骤2中并揉成面团（图5、图6）。

4 把步骤3中的面团平均分成每个约20克的小面团，分别搓成球状（图7）。

5 用叉子按压面团表面，再将叉子旋转90°继续按压一次，在面团表面形成格子纹（图8、图9）。

6 把面团排入烤盘，送入预热175℃的烤箱中烤20分钟即可。

牛奶饼干

燕麦可可饼干

材料 Material

低筋粉 ········· 90 克　　红糖 ········· 60 克　　全蛋液 ········ 30 克
可可粉 ········· 10 克　　香草精 ········少许　　即食燕麦片 ······适量
即食燕麦片 ····· 50 克　　盐 ········· 1/4 小匙　　巧克力豆 ········适量
无盐黄油 ······· 80 克　　小苏打 ······ 1/4 小匙

制作方法 Parctice

1 黄油放入干净的盆中（图1）。

2 室温软化后用打蛋器搅打均匀（图2）。

3 在步骤2中加入红糖和盐，继续用打蛋器搅打均匀（图3）。

4 鸡蛋液分两次加入步骤3的黄油中，每次都要充分拌匀后再加入剩下的蛋液（图4）。

5 把香草精加入步骤4中搅拌均匀（图5）。

6 低筋粉、可可粉及小苏打混合后，筛入步骤5的黄油中（图6）。

7 在步骤6中加入燕麦片，并用刮刀拌匀成面团（图7）。

8 把步骤7中的面团放入冰箱冷藏半小时（图8）。

9 取出冷藏好的面团，平均分割成每个约15克的小面团，分别搓圆，然后放入燕麦片中滚一下，使面团表面均匀粘上燕麦（图9）。

10 把步骤9中的小面团排放在烤盘上（图10）。

11 并将每个面团轻轻压扁（图11）。

12 在每个面团中间放入巧克力豆做装饰，把烤盘放入预热180℃的烤箱，中层上下火，烘烤20分钟至熟即可（图12）。

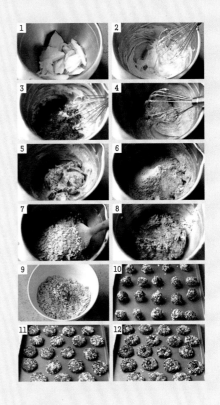

南瓜戚风蛋糕

材料 Material

蛋黄糊材料：

蛋黄………3个		色拉油…40毫升	
细砂糖…15克		肉桂粉…1/4小匙	
南瓜泥…85克		低筋粉……60克	

蛋白糊材料：

蛋白………4个	细砂糖…40克
柠檬汁……几滴	盐………一小撮

制作方法 Parctice

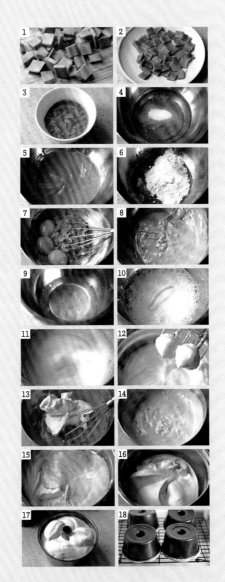

1 南瓜洗净去皮后切成小块，装入盘中，盖上保鲜膜，放入微波炉高火4分钟后取出，然后用勺子压成泥再过筛，取85克左右备用（图1~图3）。

2 将步骤1中的南瓜泥及色拉油、细砂糖放入盆中，混合后搅拌均匀（图4、图5）。

3 把低筋粉、肉桂粉混合均匀后，筛入步骤2中，用打蛋器拌至无干粉状态（图6）。

4 把蛋黄放入步骤3的面糊内，并用打蛋器搅拌均匀即成蛋黄糊备用（图7、图8）。

5 先在蛋白内加少许盐和几滴柠檬汁（图9）。

6 再把细砂糖分3次加入步骤5中，然后打至干性发泡即成蛋白糊（图10~图12）。

7 步骤6中的蛋白糊，取1/3加入步骤4的蛋黄糊内，再用橡皮刮刀切拌均匀（图13、图14）。

8 把步骤7中的面糊倒入剩余的蛋白糊中，继续切拌均匀（图15、图16）。

9 把步骤8中的面糊倒入模具中，然后轻轻震几下模具，震出大气泡（图17）。

10 把模具放入预热170℃的烤箱内，中下层，烤30分钟。

11 待烘焙结束，立即取出模具倒扣在烤网上，放凉后脱模（图18）。

材料 Material

蛋黄糊材料：

低筋粉	80克	柠檬屑	10克
细砂糖	30克	柠檬汁	15毫升
蛋黄	4个	清水	35毫升
色拉油	30毫升		

蛋白糊材料：

蛋白	4个
柠檬汁	几滴
细砂糖	40克

柠檬戚风蛋糕

制作方法 Parctice

1 柠檬先用盐搓洗表皮，然后用清水冲净，再用刨刀刮取柠檬皮屑（图1）。

2 将柠檬对半切开后，挤出柠檬汁，并兑入清水（图2）。

3 在步骤2中加入色拉油、柠檬皮屑及细砂糖，用打蛋器搅拌均匀呈米汤状（图3、图4）。

4 把低筋粉筛入步骤3中，用手动打蛋器略拌至无干粉状态（图5）。

5 把鸡蛋黄放入步骤4的面糊内，搅拌至顺滑无颗粒状即成蛋黄糊备用（图6、图7）。

6 在蛋白内加入几滴柠檬汁（或者白醋），用打蛋器低速搅打至粗泡，再分3次加入细砂糖（图8、图9）。

7 用自动打蛋器先低速后高速打发蛋白，直至蛋白呈干性发泡，此时提起打蛋器，蛋白呈锯齿状即可（图10）。

8 步骤7中的蛋白糊，先取1/3加入步骤5的蛋黄糊中，用切拌的手法拌匀（图11、图12）。

9 把步骤8中的蛋黄糊，倒入剩余的蛋白糊内，再切拌均匀（图13、图14）。

10 将步骤9中的面糊，从一定高度慢慢倒入模具中，让其自然堆叠（图15）。

11 用手指压住模具的烟囱筒顶部，在桌上震几下，震出大气泡，再用刮刀取少许面糊涂抹在烟囱模壁。

12 把模具送入预热170℃的烤箱，烤40分钟（或者150℃烤60分钟）。

13 烘焙结束后，取出模具立即倒扣，待模具彻底变凉后再脱模（图16）。

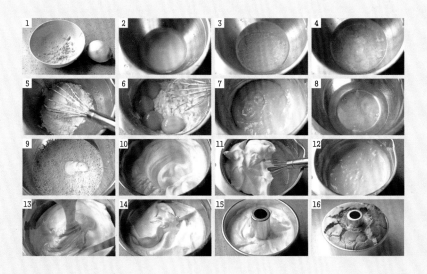

蓝莓干酸奶马芬

材料 Material

全蛋……………………1 个   低筋面粉…………100 克

细砂糖……………………50 克   泡打粉……………………1 小匙

色拉油…………………60 克   小苏打粉………1/8 小匙

牛奶…………………35 毫升   蓝莓干……………70 克

原味酸奶…………80 克

制作方法 Parctice

1 全蛋磕入碗中，加入细砂糖后，用打蛋器搅
匀（图 1）。

2 把色拉油加入步骤 1 中搅拌均匀（图 2）。

3 把牛奶和原味酸奶加入步骤 2 中，继续搅拌
成均匀的液体状（图 3）。

4 把低筋面粉、泡打粉及小苏打粉一起过筛，
加入步骤 3 中，用刮刀切拌至无干粉，面糊
成粗糙状（图 4）。

5 在步骤 4 中加入蓝莓干，用橡皮刮刀轻轻拌
匀（图 5）。

6 将步骤 5 中的面糊舀入纸模内约七分满，表
面撒少许蓝莓干。把纸模放在烤盘或者烤网
上，再放入预热 185℃的烤箱，中下层，上
下火烘焙 25~30 分钟（图 6）。

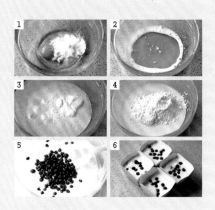

材料 Material

低筋粉 ····90 克	红糖 ···· 50 克
可可粉 ····10 克	核桃 ······ 少许
牛奶 ························20 毫升	
泡打粉 ·····················1/2 小匙	
小苏打 ·····················1/4 小匙	
色拉油 ······················50 毫升	
鸡蛋 ············1 个（去壳后约 45 克）	
熟透的香蕉 ····1 根（去皮后约 120 克）	

制作方法 Parctice

1　鸡蛋磕入碗中，放入红糖（图 1）。

2　继续把牛奶、色拉油加入步骤 1 中，用打
蛋器搅拌至红糖溶化（图 2）。

3　香蕉去皮后，放进保鲜袋里压成泥，再放
入步骤 2 中搅拌均匀（图 3、图 4）。

香蕉可可核桃马芬

4 低筋粉、泡打粉、小苏打、可可粉混合后筛入步骤 3 中（图 5）。

5 将步骤 4 中的混合物用橡皮刮刀切拌成粗糙的面糊（图 6）。

6 把步骤 5 中的面糊装入纸杯约七成满，并在表面撒上适量核桃碎（图 7、图 8）。

7 将纸杯放在烤盘或者烤网上，再放入预热 180℃的烤箱，中层，上下火，
  25~30 分钟即可出炉。

低筋面粉… 100 克　　泡打粉 ……2.5 克

鸡蛋………… 2 个　　橙子 …………… 1 个

细砂糖 …… 80 克　　黑巧克力 …160 克

黄油………… 80 克

香橙棒棒糖蛋糕

制作方法 *Parctice*

1 鸡蛋磕入碗里，倒入细砂糖（图1）。

2 将步骤1中的容器放入温水中，隔热水加热蛋液至40℃左右，加热期间要用打蛋器不停搅拌（图2）。

3 蛋液加热好后，用电动打蛋器先低速后高速打发，直至提起打蛋器，打蛋头留下的蛋液能写出"8"字，并且痕迹不会马上消失（图3、图4）。

4 低筋粉、泡打粉混合过筛并加入步骤3的蛋液中（图5）。

5 将步骤4中的混合物略拌至无干粉，再用刨刀刨取橙皮放入面糊中，拌成浓稠的糊状（图6）。

6 将黄油放入碗中，隔热水加热融化后，右手持刮刀，左手将黄油倒在刮刀上，均匀淋在步骤5中的面糊表面，再切拌均匀成光滑的糊状（图7、图8）。

7 将步骤6中的面糊倒入裱花袋，再挤入棒棒糖模子中，然后盖上另一半模具（图9~图11）。

8 将模具送入预热180℃的烤箱，中层，上下火，烘焙20分钟。

9 将烤好的蛋糕取出脱模，放在烤盘上冷却，然后在底部扎入纸棒备用（图12、图13）。

10 将黑巧克力放入无水无油的容器中，隔着温水融化成顺滑无颗粒的巧克力溶液（图14）。

11 将步骤9中的棒棒糖蛋糕放入巧克力溶液中，轻轻旋转，使巧克力均匀包裹在蛋糕表面（图15）。

12 将包裹好巧克力的棒棒糖蛋糕，放置在适合的地方（可以扎在泡沫上），待蛋糕表面的巧克力凝固（图16）。

13 蛋糕的巧克力表面上可以随意装饰。

海绵小蛋糕

材料 Material

蛋黄	3 个	柠檬汁	几滴
细砂糖	55 克	玉米油	20 毫升
盐	1/8 小匙	牛奶	20 毫升
蛋白	3 个	低筋面粉	55 克

制作方法 Parctice

1 全蛋磕入无水无油的盆中，用勺子将蛋黄捞出置于另外的容器中，并在蛋黄中加入 10 克细砂糖和盐，然后用打蛋器搅打至颜色变浅，即成蛋黄糊（图 1~ 图 3 ）。

2 在蛋白内加入几滴柠檬汁（或白醋），用打蛋器低速搅打至粗泡，再将 45 克细砂糖分 3 次加入（图 4、图 5 ）。

3 先低速后高速打发步骤 2 中的蛋白，直至蛋白呈干性发泡，提起打蛋器，蛋白糊呈锯齿状即可（图 6、图 7 ）。

4 步骤 3 中的蛋白糊，取 1/3 与步骤 1 中的蛋黄糊混合均匀（图 8 ）。

5 再将剩下的蛋白糊加入步骤 4 中拌匀（图 9、图 10 ）。

6 将低筋面粉筛入步骤 5 中，并切拌均匀至无干粉末（图 11、图 12 ）。

7 将牛奶和玉米油倒入碗中混合均匀（图 13 ）。

8 步骤 6 中的面糊，取 1 小匙放入步骤 7 的溶液中搅拌均匀（图 14 ）。

9 把步骤 8 中的面糊倒回步骤 6 的面糊中搅拌均匀（图 15 ）。

10 将步骤 9 中的面糊倒入蛋糕模中，并轻轻磕下震出气泡（图 16 ）。

11 把蛋糕模放入预热 180℃ 的烤箱，中层，上下火，烘烤 20 分钟后，取出晾凉即可。

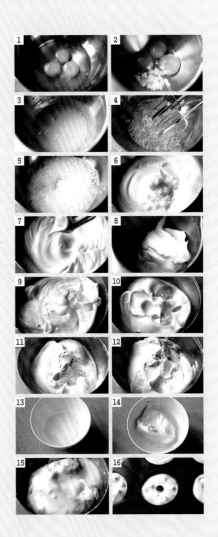

草莓酸奶慕斯蛋糕

材料 Material

海绵蛋糕体材料：

蛋黄····2个	细砂糖···60克	
蛋白····2个	低筋粉···60克	
白醋···几滴		

制作方法 Parctice

1 全蛋磕入无水无油的盆中，用勺子捞出蛋黄放入另一容器，并在蛋黄中加20克细砂糖，再用打蛋器搅打均匀，即成蛋黄糊（图1）。

2 在蛋白中滴入几滴白醋，先用打蛋器打出粗泡，再将剩余的细砂糖分3次加入，然后用打蛋器先低速后转高速，将蛋白打至湿性发泡，即成蛋白糊（图2）。

3 步骤2中的蛋白糊，取1/3加入步骤1中的蛋黄糊内拌匀（图3）。

4 将步骤3中的面糊，加入剩余的蛋白糊内切拌均匀（图4、图5）。

5 低筋粉过筛后，分4次拌入步骤4的面糊中，每次都要拌至无干粉状，再加入下一次（图6、图7）。

6 将步骤5中的面糊倒入铺有油布的烤盘内，并摊开抹平（图8、图9）。

7 把烤盘放入预热185℃的烤箱，烤制12分钟左右，待蛋糕表面呈金黄色，取出放凉备用。

慕斯馅材料：

草莓果酱·····100 克	鱼胶粉·····8 克	淡奶油···150 克
牛奶········50 毫升	清水·····30 毫升	细砂糖·····15 克
酸奶········100 毫升	柠檬汁·····几滴	

其他材料：

草莓······适量

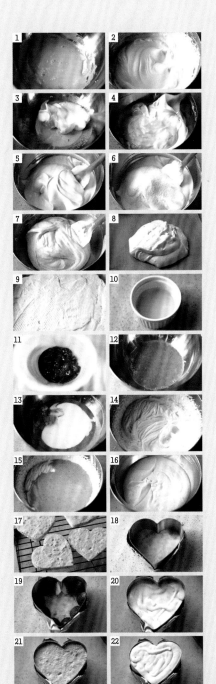

8 将鱼胶粉放入容器中，倒入清水和柠檬汁，泡发膨胀后隔热水溶解备用（图10）。

9 把草莓果酱放入硅胶杯中，倒入牛奶，用搅拌棒搅打均匀（图11）。

10 将步骤8中的鱼胶粉溶液倒入步骤9的草莓牛奶溶液里，用刮刀搅拌均匀（图12）。

11 把酸奶加入步骤10中拌匀（图13）。

12 淡奶油倒入盆中，加入细砂糖，用打蛋器搅打至奶油呈勉强流动状态（图14）。

13 将步骤11中的草莓酸奶鱼胶粉溶液倒入步骤12的淡奶油中，用打蛋器混合均匀后，即成慕斯馅（图15、图16）。

14 先用慕斯圈在烤好的海绵蛋糕上压刻出合适的蛋糕片（图17）。

15 再用锡纸把慕斯圈的底部包好，然后取一片海绵蛋糕片放入慕斯圈内（图18）。

16 草莓洗净后对半切开，放入慕斯圈内的蛋糕片上（图19）。

17 倒入慕斯馅，完全盖住草莓（图20）。

18 再放入另一块蛋糕片，并倒入剩余的慕斯馅，然后用刮刀抹平表面，再放入冰箱冷藏定形（图21、图22）。

19 取出冷藏定形好的蛋糕，揭去锡纸，用吹风机或者热毛巾帮助将慕斯圈脱下。

20 在蛋糕四周围上手指饼干，可随意装饰蛋糕表面。

材料 Material

蛋糕卷材料：

鸡蛋	4 个	可可粉	3 克
低筋粉	80 克	盐	1 小撮
牛奶	67 毫升	柠檬汁	几滴
色拉油	50 毫升	细砂糖	55 克

夹馅材料：

黑巧克力	50 克
淡奶油	50 克

奶牛纹蛋糕卷

制作方法 Parctice

1 将鸡蛋磕入无水无油的不锈钢盆中，用匙子将蛋黄舀出，放入另一容器中（图1）。

2 在蛋黄中加入色拉油、65克牛奶、盐及低筋粉，用打蛋器搅拌至面糊顺滑无颗粒状，即成蛋黄糊（图2）。

3 舀出30克蛋黄糊放入碗中，加入剩余的2克牛奶，再筛入可可粉，然后搅拌均匀成可可蛋黄糊（图3、图4）。

4 蛋白内加入几滴柠檬汁（或白醋），用打蛋器低速搅打至粗泡，然后将细砂糖分3次加入，并用自动打蛋器先低速后高速打发蛋白，直至蛋白呈湿性发泡状，即成蛋白糊（图5）。

5 在蛋白糊中，取出相当于可可蛋黄糊两倍的量，加入可可蛋黄糊中，并搅拌均匀（图6）。

6 在烤盘内铺好油纸，用匙子把可可蛋黄糊滴到油纸上，随意滴出不规则的图形即可（图7）。

7 把烤盘放入预热180℃的烤箱，烤大约1分半钟定形后取出。

8 在余下的蛋白糊中，取1/3加入原味蛋黄糊中，用切拌的手法拌匀（图8）。

9 将步骤8中的面糊倒入剩余的蛋白糊中切拌均匀（图9）。

10 把步骤9中的面糊倒在步骤7中已经烤好定形的可可蛋糕糊上，并将蛋糕糊表面抹平，然后轻磕几下，震出大气泡（图10、图11）。

11 把步骤10中的面糊连同模具放入预热180℃的烤箱，中层烘焙18分钟。

12 烘焙结束后，立即取出蛋糕，倒扣脱模，并撕去底部油纸放凉备用（图12、图13）。

13 淡奶油放入小锅中，煮至微沸，然后将煮好的淡奶油倒入黑巧克力中，用打蛋器慢慢搅拌至巧克力融化，并与淡奶油充分混合即可（图14~图16）。

14 将放凉后的蛋糕翻面，在表面涂上步骤13中的巧克力夹馅，再卷起放入冰箱约半小时冷藏定形（图17、图18）。

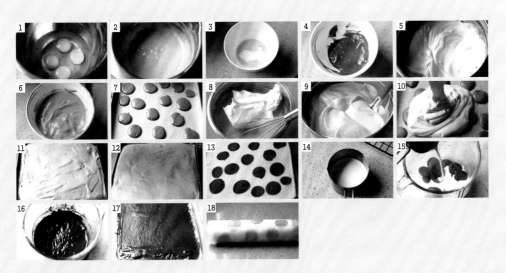

材料 Material

饼皮材料:

牛奶 ········ 250 克	玉米淀粉 ···· 30 克
糖粉 ········· 30 克	黄油 ········· 20 克
低筋粉 ······ 50 克	蛋黄 ············ 1 个
全蛋 ··········· 3 个	

夹馅材料:

淡奶油 ················450 克
细砂糖 ·················55 克
香草精 ················· 少许
新鲜芒果果肉 ········350 克

芒果千层蛋糕

制作方法 Parctice

1 先把牛奶倒入容器中，将低筋粉、玉米淀粉及糖粉混合后，筛入牛奶中，用手动打蛋器搅匀（图1）。

2 将3个全蛋和1个蛋黄全部放入碗中，再用手动打蛋器贴着碗壁将鸡蛋打散成蛋液（图2）。

3 将步骤1中的牛奶面糊缓缓倒入步骤2的蛋液中，边倒边搅拌均匀，直至全部倒入（图3、图4）。

4 将步骤3中的面糊过筛（粘在筛子底部的面糊，用刮刀轻轻刮入面糊中），令面糊更加均匀细腻（图5、图6）。

5 黄油切丁并隔着热水融化（图7、图8）。

6 在步骤4的面糊中，取少量加入步骤5的黄油中搅拌均匀（图9）。

7 将步骤6中经过搅拌后乳化的黄油面糊倒入剩余的牛奶面糊中，拌匀，再静置半小时。

8 取一口不粘锅，先用小火加热片刻，再立即取适量面糊舀入锅中，手举锅子晃开面糊并摊开，然后用小火煎至面糊成型，揭下即可（图10）。

9 按步骤8中的方法，依次做好所有饼皮，并包裹后冷藏半小时备用（图11）。

10 芒果去皮去核后切成丁备用（图12）。

11 将淡奶油倒入干净盆中，加糖和香草精后先低速后转高速打发。

12 取出冷藏好的饼皮，一张张撕开，在8寸圆模底部放一张饼皮，反面朝上（图13）。

13 再抹上少许打发好的奶油，然后盖上一张饼皮，压平表面使奶油分布均匀，再次抹上奶油，盖上饼皮并压平表面（图14、图15）。

14 将奶油放入裱花袋，剪口后，以画圆的方式挤入奶油，再均匀地放入芒果果肉（图16、图17）。

15 继续挤适量奶油，抹平后盖上饼皮，重复步骤13，直到放完所有的饼皮，满模（图18~图20）。

16 把模具放入冰箱冷藏半小时定形。

17 取出冷藏好的蛋糕，在模具底部放一个托盘，将千层蛋糕倒扣在插盘上，脱去模具即可（图21）。

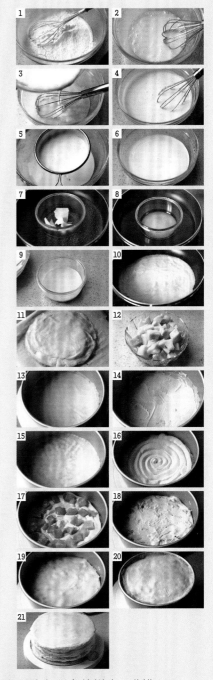

材料 Material

巧克力戚风蛋糕材料：

色拉油 ·········60 毫升	细砂糖 ·········85 克	蛋黄 ·············5 个
清水 ·········80 毫升	低筋粉 ·········80 克	蛋白 ·············5 个
盐 ·········1/8 小匙	可可粉 ·········20 克	柠檬汁（或白醋）····几滴

巧克力裸蛋糕

夹层及表面装饰水果：	装饰奶油：
芒果·················适量	淡奶油········450 克
草莓·················适量	细砂糖··········55 克
蓝莓·················适量	

制作方法 Parctice

1 将色拉油、清水、35 克细砂糖及少许盐倒入碗中，加入蛋黄（图1）。

2 把可可粉和低筋粉混合均匀后，筛入步骤1中，用手动打蛋器搅打均匀，直至面糊完全乳化后备用（图2、图3）。

3 把蛋白盛入干净容器中，加入几滴柠檬汁（或白醋），用电动打蛋器低速搅打至粗泡（图4）。

4 把 50 克细砂糖平均分成 3 份，分 3 次加入步骤 3 中。每次加糖后，要搅打到蛋白变得细腻，再加下一次，一直搅打到蛋白呈干性发泡，提起打蛋器，蛋白呈锯齿状即可（图5）。

5 步骤 4 中的蛋白糊，先取 1/3 放入步骤 2 的蛋黄糊中，用切拌的手法拌匀（图6、图7）。

6 再把步骤 5 中拌好的蛋黄糊倒入剩余的蛋白糊内切拌均匀（图8、图9）。

7 把步骤 6 中的面糊倒入铺有油纸的烤盘，抹平表面；在桌上震几下，震出大气泡（图10）。

8 把烤盘送入预热好的烤箱，180℃烤 20 分钟，烤好后取出放凉，然后将蛋糕切去四边，平均分成 3 等份（图11）。

9 把淡奶油盛入干净盆中，加入细砂糖后，用打蛋器先低速后高速打发（图12），并把打发好的奶油装入带有曲奇花嘴的裱花袋中。

10 取一块蛋糕片放在案板上，用花嘴在蛋糕片上挤出奶油花，然后放上适量芒果丁及草莓丁，再盖上第二块蛋糕片并挤上奶油，继续放上芒果丁（图13~ 图15）。

11 最后盖上第三块蛋糕片，然后在表面挤上奶油花，并随意装饰即可（图16）。

百香果玛德琳

材料 Material

糖粉	50 克	盐	少许
低筋粉	55 克	百香果果溶	35 克
泡打粉	1/2 小匙	蜂蜜	15 克
黄油	40 克	鸡蛋	1 个（约 50 克）

制作方法 Parctice

1 鸡蛋磕入碗里，倒入糖粉及盐，再用打蛋器贴合碗壁慢慢将鸡蛋搅拌均匀，避免将鸡蛋打发起泡（图1）。

2 把蜂蜜加入步骤 1 中搅拌均匀（图2）。

3 将低筋粉、泡打粉混合过筛后倒入步骤 2 中，用打蛋器搅拌均匀，拌成浓稠的糊状（图3）。

4 把百香果果溶加入步骤 3 中（图4）。

5 将步骤 4 中的混合物搅拌均匀（图5）。

6 把黄油放入碗中，隔热水加热融化后，趁热倒入步骤 5 的混合物中（图6）。

7 把步骤 6 中的混合物用打蛋器搅拌均匀，使之成为光滑的糊状后，放入冰箱冷藏 1 小时。取出冷藏后的面糊，在室温下放置片刻，待面糊重新恢复到可流动状态时，把面糊装入裱花袋（图7）。

8 将面糊挤入玛德琳模约九成满，将模具放入预热好的烤箱，上下火 190℃，烤 12 分钟后取出，趁热脱模，并放在冷却架上冷却（图8）。

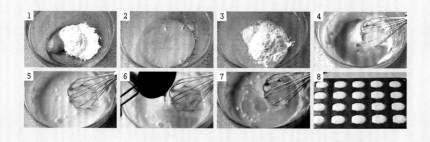

柠香玛德琳

材料 Material

糖粉	50 克	盐	少许
低筋粉	60 克	柠檬屑	适量
泡打粉	1/2 小匙	蜂蜜	15 克
黄油	50 克	鸡蛋	1 个（约 50 克）

制作方法 Parctice

1 鸡蛋磕入碗里，倒入糖粉及盐，用打蛋器贴合碗壁慢慢将鸡蛋搅拌均匀，避免将鸡蛋打发起泡（图 1）。

2 加入蜂蜜搅拌均匀（图 2）。

3 将低筋粉、泡打粉混合过筛后倒入步骤 2 的蛋液中，用打蛋器搅拌均匀，拌成浓稠的糊状（图 3）。

4 把柠檬屑加入步骤 3 中搅拌均匀（图 4）。

5 把黄油放入碗中，隔热水加热融化（图 5）。

6 融化后的黄油趁热倒入步骤 4 的混合物中，并用打蛋器搅拌均匀，使之成为光滑的糊状，再放入冰箱冷藏 1 小时（图 6）。

7 将冷藏后的面糊取出，在室温下放置片刻，待面糊重新恢复到可流动的状态时，把面糊装入裱花袋（图 7）。

8 将面糊挤入玛德琳模约九成满，将模具放入预热好的烤箱，上下火 190 度，烤 12 分钟。玛德琳烤好后取出，趁热脱模，并放在冷却架上冷却（图 8）。

香橙红茶玛德琳

材料 Material

绵白糖········50克　　红茶茶包·······1个
低筋粉········50克　　糖渍橙皮·······10克
泡打粉·······1/2小匙　盐··········少许
黄油·········50克　　蜂蜜··········10克
鸡蛋·········1个（约50克）

制作方法 Parctice

1 黄油放入容器中，隔水加热至融化（图1、图2）。

2 把茶包中的红茶末放入步骤1中，继续加热片刻，熄火（图3、图4）。

3 鸡蛋磕入碗里，倒入绵白糖及盐，用打蛋器贴合碗壁慢慢将鸡蛋搅拌均匀，避免将鸡蛋打发起泡（图5）。

4 把蜂蜜加入步骤3中搅拌均匀（图6）。

5 把糖渍橙皮丁放入步骤4中拌匀（图7）。

6 将低筋粉、泡打粉混合过筛后倒入步骤5中，用打蛋器搅拌均匀，拌成浓稠的糊状（图8、图9）。

7 把步骤2中的黄油加入步骤6中，并用打蛋器搅拌均匀，使之成为光滑的糊状。再放入冰箱冷藏1小时（图10、图11）。

8 取出冷藏好的面糊，在室温下放置片刻，待面糊重新恢复到可流动的状态时，把面糊装入裱花袋。

9 将面糊挤入玛德琳模，约九成满（图12）。

10 将模具放入预热好的烤箱，上下火190度，烤12分钟。

11 玛德琳烤好后取出，趁热脱模，并放在冷却架上冷却。

PART 4

咖啡店里的面包

BREAD

超绵红茶吐司

材料 Material

主面团：		中种面团：	
高筋粉 …… 180 克	奶粉 …… 30 克	高筋粉 …… 400 克	
即发干酵母 …… 2 克	开水 …… 100 毫升	即发干酵母 …… 6 克	
细砂糖 …… 60 克	茶包 …… 4 袋（8 克）	温水 …… 230 毫升	
盐 …… 8 克	无盐黄油 …… 50 克		

制作方法 Parctice

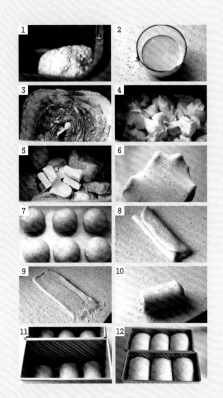

1 将温水倒入面包桶内，再放入酵母搅拌均匀，然后放入高筋粉混合均匀后揉成团。将中种面团放入容器，并放在室温中发酵约 4 倍大（图 1）。

2 茶包剪开后，将红茶末放入杯中，加入奶粉，然后倒入开水搅拌均匀，再放凉备用（图 2）。

3 将步骤 2 中的茶水连同红茶末一起倒进面包桶，加入细砂糖、盐、高筋粉和干酵母，启动面包机略拌（图 3）。

4 将步骤 1 中的中种面团分成小块放入步骤 3 中，揉成光滑的面团（图 4）。

5 把无盐黄油加入步骤 4 中（图 5）。

6 继续揉至完全扩展阶段（图 6）。

7 将步骤 6 中的面团平均分割成 6 份，盖上保鲜膜，室温松弛半小时（图 7）。

8 面团松弛好后，先排气，再擀成椭圆形，将椭圆形面块翻面，两边各向内 1/3 翻折（图 8）。

9 再用擀面杖将步骤 8 中的面团擀开，并压薄底边（图 9）。

10 然后自上而下卷成卷（图 10）。

11 将所有面团全部擀卷后，排入吐司模中，放置在温暖湿润处进行最后发酵（图 11）。

12 待最后发酵至八分满，放入预热 180℃的烤箱，下层，上下火烤 40 分钟左右。待吐司表面上色后可以加盖锡纸，避免颜色过深。出炉后侧扣脱模，放凉后再密封保存（图 12）。

蜜豆牛奶吐司

材料 Material

主面团：		中种：	其他：
高筋粉 ……125 克	清水 ……50 毫升	高筋粉 …… 125 克	蜜豆 …………90 克
奶粉 ……15 克	无盐黄油 …· 25 克	全蛋液 ……… 40 克	
细砂糖 …… 30 克		牛奶 ……50 毫升	
盐 …………… 3 克		即发干酵母 …· 3 克	

制作方法 Parctice

1 将中种原料混合后，揉成面团，放在温暖处发至 2.5 倍左右大（图 1）。

2 把奶粉、盐、细砂糖倒入面包桶中，加入清水，再放入高筋粉（图 2）。

3 将步骤 1 中的中种面团切成小块，放入步骤 2 中，一起揉成光滑的面团（图 3）。

4 放入无盐黄油继续将面团揉至完全扩展阶段，然后松弛半小时（图 4）。

5 松弛后的面团，排气后平均分割成 3 份，分别滚圆后继续松弛 15 分钟（图 5）。

6 将步骤 5 中的面团分别擀成椭圆形（图 6）。

7 然后翻面，再从左右对向内折（图 7）。

8 步骤 7 中的面团，分别压薄底边（图 8）。

9 铺入蜜豆，每个面团约 30 克蜜豆（图 9）。

10 再将步骤 9 中的面团，自上而下卷起，排入吐司模中，放在温暖湿润处进行最后
发酵。待模具内的面团发酵至八分满，放入预热 180℃的烤箱，下层，上下火，
烤 35 分钟左右。烘焙结束后，取出侧扣脱模，然后放凉保存（图 10）。

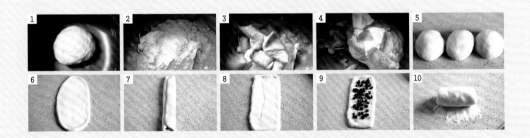

庞多米吐司

材料 Material

高筋粉 ············ 300 克	奶粉 ················ 12 克
即发干酵母 ········ 3 克	水 ················ 130 毫升
细砂糖 ············ 24 克	无盐黄油 ········· 30 克
盐 ················ 5 克	

制作方法 Parctice

1 把细砂糖、盐、奶粉放入容器中，倒入水搅匀（图1）。

2 把高筋粉和即发干酵母放入步骤1中，用筷子搅成絮状，再揉成光滑的面团（图2）。

3 放入软化后的无盐黄油，继续将面团揉至完全扩展阶段（图3）。

4 给面团盖上保鲜膜，室温发酵至两倍大左右，用手蘸高筋粉插入面团，面团不回缩，则发酵结束。

5 将发酵好的面团排气，然后平均分割成3份，分别滚圆后松弛15分钟（图4）。

6 将松弛后的面团擀成椭圆形（图5）。

7 翻面后压薄底边，自上而下卷成卷，继续松弛15分钟（图6、图7）。

8 将余下的面团擀卷，然后把卷好的面团排入吐司模，放在温暖湿润处进行最后发酵（图8）。

9 待模具中的面团发至九分满，放入预热200℃的烤箱，中下层，上下火，烤40分钟左右，出炉后侧扣脱模，放凉后密封保存（图9）。

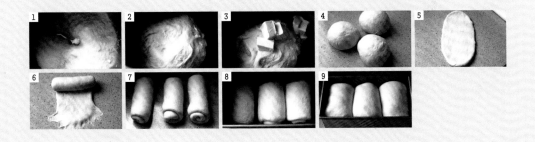

葡萄干吐司

材料 Material

高筋粉	500 克	全蛋液	60 克
细砂糖	80 克	牛奶	240 毫升
盐	5 克	无盐黄油	50 克
酵母	5 克	葡萄干	100 克

制作方法 Parctice

1 葡萄干用清水泡软备用。

2 把牛奶、鸡蛋、细砂糖、盐放入面包桶内，再放入高筋粉和酵母，揉成光滑的面团（图1~图3）。

3 放入软化后的黄油，继续将面团揉至完全扩展阶段（图4）。

4 再加入泡软后的葡萄干略揉，然后盖上保鲜膜，室温发酵至约2倍大，手蘸高筋粉插入面团，面团不回缩，则发酵结束。

5 将发好的面团排气，然后平均分割成3份，再分别滚圆后松弛15分钟（图5）。

6 松弛后的面团，先用擀面杖擀开，再翻面，然后压薄底边卷起，松弛15分钟（图6、图7）。

7 步骤6中的面团再次擀卷，最后将卷好的面团放入模子内，再放置在温暖湿润处进行二次发酵（图8~图10）。

8 待模具内的面团发至八分满左右，放入预热180℃的烤箱，中层，烘烤40分钟（图11）。

9 出炉后侧扣脱模，然后放凉保存。

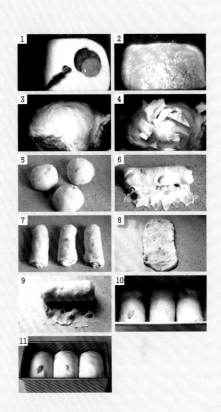

咖啡欧蕾

材料 Material

主面团：		中种：		其他：
高筋粉 ┈┈┈ 50 克	咖啡粉 ┈┈┈ 10 克	高筋粉 ┈┈┈ 210 克		核桃碎 ┈┈┈ 少许
细砂糖 ┈┈┈ 45 克	清水 ┈┈┈ 25 毫升	即发干酵母 ┈┈ 3 克		
盐 ┈┈┈┈ 3 克	无盐黄油 ┈┈ 30 克	全蛋液 ┈┈┈ 40 克		
奶粉 ┈┈┈┈ 10 克		牛奶 ┈┈┈ 100 毫升		

制作方法 Parctice

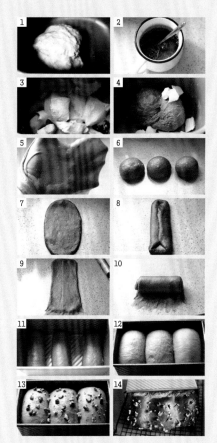

1 将中种原料混合后揉成面团，放在温暖处发至 2.5 倍左右大（图 1）。

2 将咖啡粉盛入容器中，加入清水，搅拌至溶化（图 2）。

3 将奶粉、盐、细砂糖和高筋粉倒入面包桶中，再加入咖啡液，并将步骤 1 中发好的中种面团切成小块，放入混合物中，一起揉成光滑的面团（图 3）。

4 加入无盐黄油，继续揉至完全阶段后，松弛半小时（图 4、图 5）。

5 将松弛后的面团排气，再平均分割成 3 份，分别滚圆后继续松弛 15 分钟（图 6）。

6 步骤 5 中的面团，先擀成椭圆形，再翻面，然后从左右对向内折，压薄底边，自上而下卷成卷（图 7~ 图 10）。

7 将步骤 6 中的面卷排入吐司模中，置于温暖湿润处进行最后发酵（图 11、图 12）。

8 待模具内的面团发至八分满，在表面刷一层牛奶，撒上少许核桃碎（图 13）。

9 把模具入预热 180℃的烤箱，下层，上下火，烤 35 分钟，出炉后侧扣脱模，放凉后保存（图 14）。

牛奶哈司

材料 Material

高筋粉 ·············· 200 克　　无盐黄油 ·············· 20 克

低筋粉 ·············· 300 克　　细砂糖 ·············· 22 克

牛奶 ·············· 170 毫升　　盐 ·············· 3 克

蛋黄 ·············· 15 克　　即发干酵母 ·············· 3 克

制作方法 Parctice

1 把牛奶、鸡蛋、细砂糖、盐、高筋粉、低筋粉、酵母放入面包桶内，揉成光滑的面团（图1）。

2 再放入软化后的无盐黄油，将面团揉至完全扩展阶段（图2）。

3 将面团盖上保鲜膜，室温发酵至2倍大左右，手蘸高筋粉插入面团，面团不回缩，则发酵结束（图3）。

4 将发好的面团排气，然后平均分割成9份，分别滚圆并松弛15分钟（图4）。

5 步骤4中的面团用擀面杖擀开，翻面，两边各往中间1/3处翻折（图5）。

6 待步骤5中的面团醒5分钟后，用擀面杖再次擀开（图6）。

7 然后压薄底边后卷起，并放置在温暖湿润处进行二次发酵（图7）。

8 待发酵结束，用刀在面团表面割五道口子，放入预热180℃的烤箱，中层，上下火，烘烤20分钟（图8）。

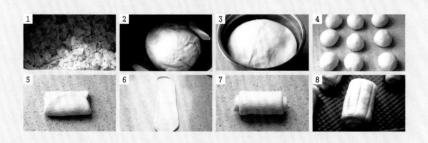

材料 Material

高筋粉 ········· 200 克

水 ············· 115 毫升

即发干酵母 ····· 2 克

盐 ·············· 2 克

黑橄榄 ········· 20 克

橄榄油 ········· 1 大匙

新鲜迷迭香 ····· 少许

黑胡椒碎 ········ 少许

制作方法 Parctice

1 将高筋粉、水、酵母、盐放入面包桶内,揉成表面光滑的面团(图1~图3)。

2 将黑橄榄切成丁,放入步骤1的面团中揉匀(图4~图6)。

3 将揉好的面团放置在温暖处进行基础发酵,基础发酵结束,手蘸高筋粉扎入面团中,小洞不回缩(图7)。

4 将发好的面团排气,然后

佛卡夏

分割成2份，分别滚圆后松弛15分钟（图8）。

5 将松弛后的面团擀开成直径约15厘米的圆片形状，再放入不粘的烤盘，放置在温暖处进行最后发酵（图9~图11）。

6 发酵结束后，在面块表面刷一层橄榄油，并用手指在面团表面按些小孔，最后撒上黑橄榄片、新鲜迷迭香及黑胡椒碎（图12~图14）。

7 将烤盘放入预热200℃的烤箱，中层，上下火，烘烤20分钟。

材料 Material

汉堡材料：

鸡腿····3 个（约 250 克）　番茄············1 个　番茄沙司·······适量

奥尔良腌料············20 克　芝士片······3 片　汉堡面包·······3 个

青甘蓝·················适量　沙拉酱·······适量

奥尔良鸡腿堡

面包坯材料：

高筋粉 ………… 250 克	全蛋液 ………… 45 克
细砂糖 ………… 20 克	牛奶 …………… 100 毫升
奶粉 …………… 10 克	即发干酵母 …… 5 克
盐 ……………… 3 克	芝麻 …………… 适量
无盐黄油 ……… 25 克	

制作方法 Parctice

制作面包坯：

1 将全蛋液、牛奶、细砂糖、盐放入揉面机中，搅拌均匀，继续放入高筋粉、奶粉，撒上即发干酵母，揉至面筋扩展，表面光滑（图1）。

2 加入无盐黄油继续揉至扩展阶段，然后放在温暖处进行基础发酵，基础发酵结束后，手蘸高筋粉扎入面团中，小洞不回缩（图2~图4）。

3 将发好的面团排气，然后平均分割成6份（图5）。

4 在面团表面刷上少许蛋液，蘸上一层芝麻，然后排入烤盘，并放置在温暖湿润处进行最后发酵（图6、图7）。

5 待最后发酵结束，放入预热180℃的烤箱，中层，上下火，烘烤20分钟，出炉后放在烤网上放凉。

制作汉堡：

1 将鸡腿洗净后，用刀剔除骨头（图8、图9）。

2 将奥尔良腌料盛入容器中，加入少许水调匀（图10）。

3 将去骨的鸡腿放入步骤2的腌料中，抓拌均匀后，放入冰箱冷藏12小时以上（图11）。

4 在烤盘内铺上锡纸，把腌制好的鸡腿肉平铺在上面，放入预热200℃的烤箱，烘焙15分钟，直至鸡腿肉熟透（图12）。

5 将汉堡面包对半剖开，切面朝上，放入预热200℃的烤箱，烘焙3分钟后取出（图13）。

6 在一半面包的表面挤上适量沙拉酱，依次放入青甘蓝、沙拉酱、番茄切片、番茄沙司、奥尔良鸡腿、芝士片，然后盖上另一半汉堡面包即可（图14~图18）。

豆沙辫子包

材料 Material

高筋粉 ……………………… 240 克

低筋粉 ……………………… 60 克

牛奶 ……………………… 160 毫升

全蛋液 ……………………… 30 克

无盐黄油 ……………………… 30 克

细砂糖 ……………………… 50 克

盐 ……………………… 3 克

即发干酵母 ……………………… 3 克

豆沙馅 ……………………… 200 克

制作方法 Parctice

1 把牛奶、鸡蛋、细砂糖、盐放入面包桶内（图1）。

2 继续放入高筋粉、低筋粉及酵母，搅拌成絮状后，揉成光滑的面团（图2、图3）。

3 放入软化后的黄油，将面团揉至完全扩展阶段（图4）。

4 步骤3中的面团，盖上保鲜膜后，室温发酵至2倍大（图5、图6）。

5 将发好的面团排气，然后滚圆并松弛15分钟。

6 在案板上撒少许薄粉，将面团用擀面杖擀开呈长方形的大片，然后翻面（图7）。

7 在2/3的面片上，均匀抹上一层豆沙馅（图8）。

8 将未抹豆沙馅的部分翻折到抹有豆沙馅的面片的1/2处，再将剩余的面团翻折（图9、图10）。

9 步骤8中的面团，用保鲜膜包好后，放入冰箱冷冻20~25分钟。

10 取出冷冻好的面团，用刀均匀切分成6份（图11）。

11 每2条面团一组，切面朝上，交叉编成辫子状，放置在温暖湿润处进行二次发酵（图12）。

12 待二次发酵结束，在表面刷一层全蛋液，撒上少许白芝麻进行装饰（图13）。

13 把步骤12中的半成品放入预热180℃的烤箱，中层，上下火，烘烤25分钟。

14 出炉后放凉切件即可。

材料 Material

面团：		菠萝皮：	
高筋粉 ……… 250 克	全蛋液 ……… 60 克	低筋粉 ……… 200 克	盐 ……………… 少许
低筋粉 ……… 50 克	盐 ……………… 3 克	无盐黄油 …… 80 克	泡打粉 ……… 2 克
即发干酵母 …… 3 克	牛奶 ……… 150 毫升	奶粉 …………… 15 克	
细砂糖 ……… 40 克	无盐黄油 …… 30 克	细砂糖 ……… 80 克	
奶粉 ………… 20 克		全蛋液 ……… 80 克	

菠萝包

制作方法 Parctice

制作菠萝皮：

1 先将无盐黄油室温软化，然后加入细砂糖及盐打至黄油颜色变浅，体积膨大（图1、图2）。

2 将蛋液分次加入步骤1中，每次都要充分搅匀后再加下一次（图3）。

3 将低筋粉、奶粉、泡打粉过筛后加入步骤2中，拌匀后送入冰箱冷藏半小时（图4、图5）。

制作面包：

4 将全蛋液、牛奶、细砂糖、盐及奶粉放入容器中，搅拌均匀，然后放入面包机中（图6）。

5 将高筋粉、低筋粉、即发干酵母加入步骤4中，揉至面筋扩展，表面光滑（图7）。

6 加入无盐黄油继续揉至扩展阶段，然后放置在温暖处进行基础发酵，待基础发酵结束，手蘸高筋粉扎入面团中，小洞不回缩（图8~图11）。

7 发好的面团排气，再平均分割成12份小面团，分别滚圆后松弛15分钟（图12）。

8 将步骤3中的菠萝皮等分成12份。

9 将步骤7中的面团再次排气滚圆。

10 取1份菠萝皮压扁，然后将面团收口处向上，压在菠萝皮上，再翻转（图13）。

11 然后一只手将面团向上顶，另一只手将菠萝皮轻轻往下推，使菠萝皮覆盖大部分面团表面，底部留一小块不要包菠萝皮（图14）。

12 在菠萝皮表面粘上细砂糖，再将面团扣在菠萝模子上，压出菠萝纹（图15）。

13 将面包坯排入烤盘，放置在温暖处进行最后发酵（图16）。

14 待最后发酵结束，放入预热180℃的烤箱，中层，上下火，烤20分钟。

焦糖奶油排包

材料 Material

主面团：	中种：	焦糖浆：
高筋粉 ········ 90 克	高筋粉 ········ 210 克	细砂糖 ········ 40 克
细砂糖 ········ 25 克	即发干酵母 ······ 3 克	水 ············ 1 大匙
盐 ············ 4 克	全蛋液 ········ 50 克	淡奶油 ········ 100 克
焦糖浆 ······ 115 毫升	牛奶 ········ 85 毫升	

制作方法 Parctice

制作焦糖浆：

1 在锅里放入糖和水，中火加热，煮至糖水沸腾，继续用中火熬煮到糖浆呈理想颜色。

2 把温热的淡奶油慢慢加入步骤 1 中，一边加一边搅动，淡奶油加完后，迅速用匙子搅匀并关火。

3 将熬好的焦糖酱放凉后冷藏保存备用。

制作面包：

1 将中种原料混合后，揉成面团，放在温暖处发酵至 2.5 倍左右大（图 1）。

2 把焦糖浆、盐及细砂糖倒入盆中，放入高筋粉（图 2）。

3 将中种面团切成小块，放入步骤 2 中（图 3）。

4 把步骤 3 中的混合物一起揉至完全阶段，然后松弛半小时（图 4）。

5 面团松弛好后排气，再平均分割成 6 份，分别滚圆后继续松弛 15 分钟（图 5）。

6 将步骤 5 中的面团分别擀成椭圆形（图 6）。

7 翻面后压薄底边（图 7）。

8 自上而下卷成卷（图 8）。

9 将面卷并排放入烤盘，放置在温暖湿润处进行最后发酵约 40 分钟（图 9、图 10）。

10 待最后发酵结束，放入预热 180℃的烤箱，中下层，上下火，烤约 20 分钟。

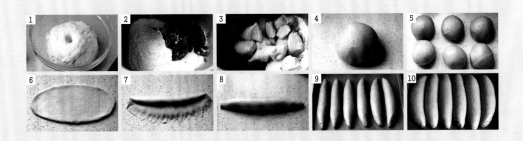

蔓越莓麻薯面包

材料 Material

麻薯预拌粉…………… 200 克　　无盐黄油…………40 克

鸡蛋…………1 个（约 65 克）　　牛奶…………75 毫升

盐 …………………………3 克　　蔓越莓干…………40 克

奶粉………………………5 克

制作方法 Parctice

1 把无盐黄油和牛奶放入小锅中，小火加热至黄油融化后放凉备用（图 1）。

2 把鸡蛋磕入盆中搅散（图 2）。

3 把步骤 1 中的黄油牛奶溶液倒入步骤 2 中（图 3）。

4 继续把麻薯预拌粉、奶粉、盐放入步骤 3 中（图 4）。

5 步骤 4 中的混合物用刮刀切拌均匀（图 5）。

6 将蔓越莓干切碎后，加入步骤 5 中揉匀（图 6）。

7 在面团表面撒上一层薄粉，将面团搓成长条状，再平均分割成约 20 克 1 个的小面团（图 7、图 8）。

8 分割好的小面团分别滚圆后放入烤盘，把烤盘放入预热 170℃的烤箱，中层，烘烤 35 分钟左右，待面包表面发黄，体积膨胀即可，烘烤完成，冷却后再取出。

培根芝士面包

材料 Material

高筋粉……200克	全蛋液………25克	培根片………4片
低筋粉………50克	盐………3克	芝士片………4片
即发干酵母……3克	牛奶………120毫升	沙拉酱………少许
细砂糖………40克	无盐黄油……25克	

制作方法 Parctice

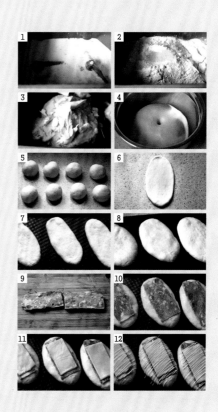

1 将全蛋液、牛奶、细砂糖、盐放入揉面机中搅拌均匀（图1）。

2 将高筋粉、低筋粉、即发干酵母加入步骤1中，揉至面筋扩展，表面光滑（图2）。

3 加入无盐黄油继续揉至扩展阶段，然后放置在温暖处进行基础发酵，基础发酵结束，手蘸高筋粉扎入面团中，小洞不回缩（图3、图4）。

4 将发酵好的面团排气，再平均分割成8份，分别滚圆后松弛15分钟（图5）。

5 将松弛后的小面团分别擀成椭圆形，然后平铺在烤盘上，放在温暖湿润处进行最后发酵（图6、图7）。

6 待最后发酵结束，在面团表面刷上全蛋液（图8）。

7 培根片一切为二，将一半铺在面团上（图9、图10）。

8 芝士片对半切开，铺在培根片上（图11）。

9 最后在表面挤上适量沙拉酱（图12）。

10 把步骤9中的面包胚放入预热180℃的烤箱，中层，上下火，20分钟，出炉后在烤网上放凉即可。

芝麻贝果

材料 Material

高筋粉	250 克	水	1140 毫升
盐	5 克	无盐黄油	5 克
细砂糖	60 克	黑芝麻	1 大匙
即发干酵母	2.5 克		

制作方法 Parctice

1 将 10 克细砂糖、盐和 140 毫升水放入面包机内，再放入高筋粉和干酵母，揉至面筋扩展，表面光滑（图 1）。

2 放入无盐黄油继续揉到面团均匀光滑（图 2、图 3）。

3 再放入 1 匙黑芝麻揉匀（图 4）。

4 步骤 3 中的面团揉好后，立即分割成 8 份，分别滚圆后松弛 10 分钟（图 5）。

5 将松弛好的面团擀成椭圆形，翻面后压薄底边，自上而下卷起，收口处捏紧（图 6、图 7）。

6 再将步骤 5 中的面团搓至约 20 厘米长（图 8）。

7 步骤 6 中的条形面团，将一头擀成薄片，把另一头放到压薄的面片上并用薄片包好（图 9）。

8 将步骤 7 中的面团排在垫了油布的烤盘上，放在温暖湿润处发酵 30 分钟左右（图 10）。

9 另外将 1000 毫升水及 50 克细砂糖放入锅中，煮沸后转小火。

10 把步骤 8 中的贝果面团表面朝下放入步骤 9 中，两面各煮 30 秒钟后捞出（图 11）。

11 把步骤 10 中的面团排入烤盘，立即放入预热 200℃的烤箱，烘烤约 20 分钟，待贝果表面呈金黄色即可（图 12）。

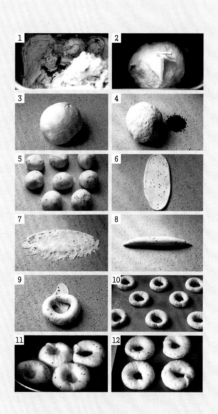

材料 Material

麻薯预拌粉····200 克

鸡蛋············60 克

盐··············3 克

奶粉············5 克

无盐黄油········40 克

水··············75 毫升

熟黑芝麻········12 克

制作方法 Parctice

1 把鸡蛋、盐及清水放入面包桶内，再放入奶粉和麻薯预拌粉揉成面团（图 1）。

2 在面团中放入软化的无盐黄油，揉至面团表面光滑（图 2）。

3 放入芝麻继续揉匀（图 3）。

4 在案板上撒上一层薄粉，放上揉好的面团，然后平均分割成约 20 克 1 个的小面团（图 4、图 5）。

5 小面团分别滚圆后放入烤盘中（图 6）。

6 把烤盘放入预热 170℃的烤箱，中层，烘烤 35 分钟左右，待面包表面发黄，体积膨胀即可。烘烤完成后，待面包冷却后再取出。

芝麻麻薯面包

香蒜法棍

材料 Material

法式面包·········半根

大蒜··············3辮

无盐黄油······30克

欧芹碎··········少许

盐················少许

黑胡椒碎········少许

制作方法 Parctice

1 无盐黄油室温软化后，用打蛋器搅打均匀（图1）。

2 大蒜剥皮后，用压蒜器压成泥，放入步骤1中（图2）。

3 把欧芹碎、盐、黑胡椒碎放入步骤2中，搅拌均匀（图3、图4）。

4 将法式面包切成约1厘米的厚片（图5）。

5 将步骤3中的黄油均匀涂抹在法式面包片上（图6）。

6 把步骤5中的面包片放入预热180℃的烤箱内，烘焙5分钟，待面包表面上色后，取出码盘即可。

甜甜圈

材料 Material

高筋粉	250 克	鸡蛋	30 克
细砂糖	50 克	无盐黄油	25 克
即发干酵母	3 克	水	110 毫升
奶粉	10 克	糖粉	适量
盐	2 克		

制作方法 Parctice

1 将除黄油以外的其余材料放入盆中，揉成光滑的面团。

2 无盐黄油软化后加入面团中，继续揉至完全扩展阶段。

3 将揉好的面团盖上保鲜膜，室温发酵至 2 倍大，此时手蘸高筋粉
插入面团，面团不回缩。

4 将面团排气，再平均分割成每份约 60 克的小面团，饧发 15 分钟
（图 1）。

5 面团饧发好后，将其压扁，并用擀面杖擀至甜甜圈的大小（图 2、
图 3）。

6 用甜甜圈模具将面块切割成甜甜圈的形状（图 4）。

7 将切割好的甜甜圈面团排放在烤盘上，进行第二次发酵（图 5）。

8 待二次发酵结束，将油锅烧热，然后把甜甜圈面团放到油锅里，
炸至两面呈金黄色即可（图 6、图 7）。

9 将炸好的甜甜圈沥干油，冷却后在表面沾上糖粉作为装饰即可（图 8）。

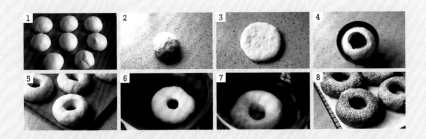

材料 Material

厚吐司............4 片
无盐黄油.....40 克
细砂糖.........30 克

制作方法 Parctice

1 把厚吐司放在案板上（图1）。

2 用刀在吐司上切割出"井"字形,不要把吐司切断（图2）。

3 将无盐黄油切成薄片,放在吐司上,再均匀地撒上细砂糖（图3~图5）。

4 把步骤3中的半成品放入预热200℃的烤箱,上下火,中层,烘焙10分钟即可。

黄油砂糖厚吐司

PART 5

咖啡店里的主食和菜品

FOOD & DISHES

鲜虾菌菇焗饭

材料 Material

基围虾 ······ 100 克　　胡萝卜 ········· 少许　　米饭 ············· 300 克
口蘑 ········· 6 朵　　盐 ············· 适量　　牛奶 ············· 100 毫升
香菇 ········· 2 朵　　黑胡椒碎 ······ 少许　　马苏里拉芝士 ···· 80 克
杏鲍菇 ······ 半根　　色拉油 ········· 适量
洋葱 ········· 半颗　　欧芹碎 ········· 少许

制作方法 Parctice

1 基围虾剪去触须，开背后剔除虾线（图 1~
图 3）。

2 口蘑、香菇、杏鲍菇放入盐水中浸泡 10 分钟，
清洗表面浮土，然后将香菇、口蘑切片，杏
鲍菇切丁（图 4）。

3 洋葱洗净后先切丝再切末；胡萝卜去皮洗净
后切丁（图 5、图 6）。

4 炒锅内放入适量色拉油加热，再放入洋葱碎
炒香（图 7）。

5 继续放入切好的蘑菇及胡萝卜丁煸炒片刻，
然后倒入 100 毫升牛奶煮开（图 8~ 图 10）。

6 把欧芹碎和适量盐加入步骤 5 中，最后放入
基围虾翻炒均匀，然后大火煮至收汁（图
11~ 图 13）。

7 将米饭盛入烤碗，将步骤 6 中煮好的虾和蔬
菜等倒在米饭上平铺，再均匀撒上一层马苏
里拉芝士（图 14~ 图 16）。

8 把烤碗放入预热 180℃的烤箱，烘焙 15 分钟，
出炉后撒上少许黑胡椒碎及欧芹碎即可。

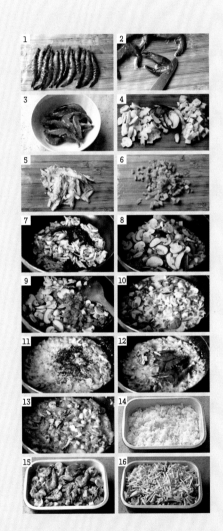

火腿鸡蛋三明治

材料 Material

鸡蛋···········1个	火腿········3片	沙拉酱··········30克
吐司·········2片	生菜········2片	番茄沙司·······10克
芝士片·····2片	黄瓜·········1段	黑胡椒碎·······少许

制作方法 Parctice

1 取1片吐司，倒入少许番茄沙司，并用抹刀均匀抹开，再放上1片芝士（图1~图3）。

2 重复步骤1制作好另1片吐司（图4）。

3 将2片吐司放入预热200℃的烤箱，中层上下火，烘焙3分钟后取出。

4 在平底锅内放少许油，磕入鸡蛋煎熟（图5）。

5 生菜洗净撕开后，放在1片吐司上，再挤上适量沙拉酱，放上2片火腿片，继续挤上适量沙拉酱，放上切好的黄瓜片，再挤上沙拉酱，放上煎蛋（图6~图12）。

6 以同样的方法，一层沙拉酱一层食材，在煎蛋上依次放好黄瓜片、火腿片及生菜（图13~图16）。

7 最后盖上另一片吐司，并稍稍压实（图17）。

8 用刀将步骤7中的成品对半切开，撒上少许黑胡椒碎即可。

金枪鱼口袋三明治

材料 Material

盐浸金枪鱼罐头·········100克
盐·····················少许
沙拉酱·················20克
芝士片·················1片
黑胡椒碎···············少许
生菜···················3片
吐司···················12片

制作方法 Parctice

1 将盐渍金枪鱼罐头打开，取出金枪鱼，沥水后放入容器中，再放入少许盐和沙拉酱（图1、图2）。

2 将芝士片切成小丁后，加入步骤1中（图3）。

3 在步骤2中放入少许黑胡椒碎，并搅拌均匀（图4、图5）。

4 将生菜洗净沥水后切成丝，放入步骤3中（图6）。

5 将步骤4中的所有食材拌匀（图7）。

6 取1片吐司，用擀面杖擀开（图8）。

7 步骤5中拌好的食材，取适量放在吐司上，再盖上另1片擀开的吐司，用手稍稍压实（图9、图10）。

8 用三明治小工具或大小合适的碗，将两片夹了馅料的吐司四边压实后，再去掉多余边角即可（图11）。

9 重复步骤6~步骤8，做好其余的三明治（图12）。

牛油果鸡蛋三明治

材料 Material

吐司·············4 片　　焙煎芝麻沙拉酱········适量
白煮蛋············1 枚　　黑胡椒·············少许
牛油果············1 枚

制作方法 Parctice

1 将吐司排入烤盘，放入预热200℃的烤箱烘焙3分钟后取出（图1）。

2 牛油果对半切开去除果核，将果肉切碎（图2）。

3 鸡蛋去壳后切碎（图3）。

4 将切碎的牛油果肉和鸡蛋放入容器中，倒入适量焙煎芝麻沙拉酱，
　再撒入适量黑胡椒碎拌匀（图4、图5）。

5 取1片吐司，把步骤4中的牛油果鸡蛋沙拉，取适量放在吐司上
　均匀铺开，然后盖上另1片吐司，并压实（图6~图8）。

6 用吐司刀切去吐司边缘的硬边，再对半切开并叠起即可。

7 重复步骤5、步骤6，做好另一块三明治。

材料 Material

披萨酱：		
中等大小番茄·············2个	蒜·················5瓣	新鲜百里香·········3克
洋葱·············150克	黑胡椒·········1小匙	盐·················5克
番茄沙司·········120克	罗勒碎·········1小匙	色拉油·············适量

培根土豆披萨

制作方法 Parctice

制作披萨酱：

1 番茄洗净后，先切片再切丁；蒜去皮洗净后切末；洋葱去皮洗净后切碎（图1~图3）。

2 锅内倒适量色拉油加热，放入蒜末，再放入洋葱碎，煸炒出香味（图4、图5）。

3 继续倒入番茄丁翻炒至番茄变软（图6）。

4 接着加入黑胡椒、罗勒、百里香、番茄沙司翻炒均匀，再盖上锅盖，转小火煮5分钟，待收汁后，加盐调味，炒匀即成披萨酱，备用（图7~图10）。

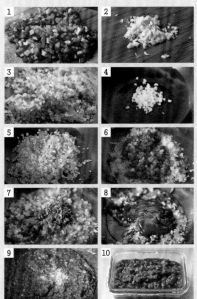

披萨：		披萨饼底：	
土豆…………90 克	马苏里拉芝士…110 克	中筋面粉……125 克	色拉油……5 毫升
培根…………70 克	青椒及洋葱……少许	细砂糖…………5 克	全蛋液………15 克
披萨酱……120 克	6 寸披萨饼底……2 个	盐……………1.5 克	牛奶………55 克
		即发干酵母……1.5 克	

制作披萨饼底：

1 细砂糖、盐、全蛋液及牛奶放入面包桶内，放入中筋面粉及酵母，揉成面团，再加入色拉油，继续揉至光滑，然后进行一次发酵（图1）。

2 面团发至2倍大后，将面团分成2份，排气后滚圆，松弛15分钟（图2、图3）。

3 将面团擀开，大小与模子相当（图4）。

4 模具底部刷上一层油，将擀好的面团放入，用手轻轻压平底部及四周，使其贴合，再用叉子在面团上扎小洞（图5）。

5 室温饧发20分钟后，入200度预热的烤箱，中层烤6分钟取出，倒扣脱模放凉（图6）。

制作披萨：

1 土豆去皮洗净后，切成薄片，再放入水中浸泡片刻捞起（图1）。

2 青椒、洋葱洗净后切成圆圈状。

3 把土豆片放入锅中，小火煎至呈透明状、略显干（图2）。

4 把培根片放入锅中，小火煎1分钟（图3）。

5 将披萨饼底放入披萨盘中，舀入披萨酱并均匀抹开（图4、图5）。

6 在步骤5中撒上一层马苏里拉芝士，然后放上土豆片，再撒一层马苏里拉芝士（图6~图8）。

7 继续放上培根片，摆上青椒圈及洋葱圈，再撒一层马苏里拉芝士（图9、图10）。

8 把烤盘放入预热200℃的烤箱，中层上下火，烘焙15分钟后取出。

9 撒上剩余的马苏里拉芝士，继续送入烤箱，烘烤5分钟即可。

鲜虾披萨

材料 Material

鲜虾仁	60克	青椒	少许
料酒	少许	红椒	少许
盐	少许	披萨酱	130克
培根	40克	马苏里拉芝士	120克
杂菜	40克	6寸披萨饼底	1个

制作方法 Parctice

1 虾仁开背后剔除虾线并洗净，然后放入少许料酒及盐抓匀并腌渍片刻（图1、图2）。

2 将培根切碎；青红椒洗净后切成小圈；杂菜洗净沥水（图3）。

3 将披萨饼底放入披萨盘中，舀入披萨酱均匀抹开（图4、图5）。

4 在步骤3中撒上一层马苏里拉芝士，放上杂菜及培根碎，再撒一层马苏里拉芝士（图6~图8）。

5 继续摆上青红椒圈，撒一层马苏里拉芝士，最后放上虾仁，再撒一层马苏里拉芝士（图9~图12）。

6 把烤盘放入预热200℃的烤箱，中层上下火，烘焙15分钟后取出。

7 在步骤6中撒上剩余的马苏里拉芝士，继续送入烤箱，烘烤5分钟即可。

注：披萨饼底和披萨酱制作方法参考培根土豆披萨。

番茄肉酱千层面

材料 Material

红酱:

猪瘦肉	180 克	大蒜	3 瓣	盐	5 克
白蘑菇	4 个	番茄沙司	50 克	淀粉	少许
番茄	250 克	黑胡椒粉	1 小匙		
洋葱	50 克	红酒	20 毫升		

白酱:

色拉油	10 毫升
低筋面粉	15 克
牛奶	300 毫升
盐	3 克
胡椒粉	少许

其他:

千层面	7 片
马苏里拉芝士	120 克
番茄	4 个
欧芹碎	少许

制作方法 Parctice

制作白酱

1. 把色拉油、低筋面粉放入锅中混合，然后上火加热 2 分钟，要一边加热一边搅拌（图 1）。

2. 离火后，将牛奶慢慢倒入锅中拌匀，再继续小火加热，煮至浓稠（图 2、图 3）。

3. 调入盐及少许白胡椒粉和匀即可（图 4）。

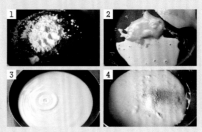

制作红酱

1 猪瘦肉洗净后切小块，再剁成肉糜，然后加入少许盐及淀粉抓拌均匀（图1、图2）。

2 番茄洗净后去皮，先切片再切丁；洋葱去皮洗净后切碎；白蘑菇洗净后切片（图3~图5）。

3 锅内放适量油，加热后放入蒜末炒香，再倒入猪肉糜翻炒至肉色变白后盛出（图6~图8）。

4 锅内倒入适量油，加热后放入洋葱碎煸炒出香味，再倒入番茄丁、蘑菇片翻炒片刻，直至蘑菇变软，加入番茄沙司炒匀（图9~图12）。

5 加入红酒，重新倒入肉末，放入黑胡椒及盐，炒匀后转小火煮至收汁即可（图13、图14）。

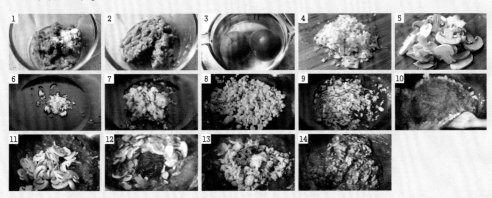

制作千层面

1 锅内放适量水，大火煮开后加入1匙盐，再放入千层面片，煮约7分钟，待面片熟后过凉水再捞出（图1、图2）。

2 取一张千层面皮，铺在烤碗底部，舀入红酱涂抹均匀，再盖上另一张千层面片（图3~图5）。

3 继续舀入白酱涂抹均匀，然后撒上一层马苏里拉芝士（图6~图8）。

4 重复步骤2~3，直至用完所有的千层面皮。

5 最后撒上一层马苏里拉芝士，并在表面放上切开的番茄（图9）。

6 把烤碗放入预热220℃的烤箱，烘焙18分钟后取出。

7 继续撒一层马苏里拉芝士和少许欧芹碎做装饰，再放入烤箱烘焙5分钟即可（图10）。

焗意面

材料 Material

管型意面············200 克	马苏里拉芝士·······120 克
中等大小洋葱·········半个	黑胡椒·················适量
樱桃番茄·············8 个	盐····················适量
青甘蓝···············适量	欧芹碎·················适量
培根·················2 片	

制作方法 Parctice

1 锅内放入适量清水，加1大匙盐，煮开。

2 放入意面，大火煮开后转小火煮8分钟，待面熟，然后沥水备用（图1、图2）。

3 洋葱洗净切丁，番茄洗净切小块，青甘蓝洗净切丝，培根切段（图3）。

4 在锅内放入适量色拉油，加热至八成热，倒入洋葱丁煸炒出香味（图4）。

5 再放入番茄煸炒至番茄出汁（图5、图6）。

6 继续放入青甘蓝丝和培根翻炒（图7）。

7 最后放入煮好的意面，加入少许黑胡椒碎及盐翻炒均匀，熄火装盘（图8、图9）。

8 在意面表层撒上马苏里拉芝士碎及欧芹碎，放入预热180℃的烤箱，中层烤15分钟即可（图10）。

蘑菇奶油培根意面

材料 Material

白蘑菇	4 朵	清水	50 毫升
培根	3 片	欧芹碎	少许
大蒜	2 瓣	盐	适量
意大利面（直面）	85 克	黑胡椒	少许
橄榄油	少许	芝士粉	少许
淡奶油	50 克		

制作方法 Parctice

1 锅内放入适量水，加 2 匙盐煮开。

2 放入意大利面，煮 10 分钟，待面熟后捞出沥水备用（图 1、图 2）。

3 白蘑菇洗净后切薄片；蒜去皮洗净后切碎；培根切成细条（图 3~ 图 5）。

4 锅内倒入少许橄榄油加热后，放入蒜碎煸炒出香味（图 6）。

5 再倒入白蘑菇及培根煸炒片刻（图 7）。

6 继续放入淡奶油，倒入清水，煮至浓稠状态（图 8~ 图 10）。

7 把煮好的意大利面放入步骤 6 中，再加入适量盐调味，放入欧芹碎翻炒均匀后装盘（图 11、图 12）。

8 在表面撒上少许黑胡椒及芝士粉即可。

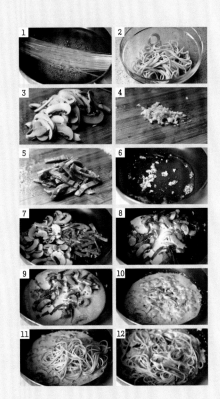

鲜虾番茄意面

材料 Material

意面（直面）······120克

虾仁······30克

披萨酱······120克

制作方法 Parctice

1 锅内放入适量的水，加入两匙盐，煮开。

2 放入意大利面，煮10分钟左右，待面熟后捞出沥干水分，加入少许色拉油拌匀，再放入碗中（图1、图2）。

3 锅内放少许油，加热至七成热，放入虾仁煸炒片刻，至虾仁变色（图3）。

4 再放入披萨酱（做法参考培根土豆披萨）翻炒均匀后，淋在意面上即可（图4、图5）。

培根芦笋卷

材料 Material

芦笋·····················16 根
培根······················8 片
黑胡椒碎···············少许
色拉油···················少许
盐·······················少许

制作方法 Parctice

1 芦笋切去老根后洗净,然后一切为二(图1、图2)。

2 在锅内倒入清水,煮开后放入少许盐及色拉油,再放入芦笋(图3)。

3 芦笋焯烫断生后立即捞出,并放入冰水中浸泡片刻,然后捞出沥水备用(图4)。

4 培根对半切开(图5)。

5 取半片培根将芦笋卷起来,用牙签固定住(图6、图7)。

6 平底锅加热后,放入培根芦笋卷,两面煎熟(为了防粘锅,可以在锅底抹上少许色拉油)(图8)。

7 出锅后撒上少许黑胡椒即可。

黑椒香草烤蘑菇

材料 Material

口蘑·············· 70 克
杏鲍菇············ 70 克
香菇·············· 70 克
百里香············ 3 克
迷迭香············ 3 克

大蒜·················· 4 辦
色拉油············ 适量
黑胡椒碎·········· 少许
盐 ················· 适量

制作方法 Parctice

1 把口蘑、杏鲍菇、香菇放入盐水中浸泡 10 分钟，清洗表面浮土后再用清水冲净（图 1）。

2 将香菇、口蘑对半切开，杏鲍菇切成小块，大蒜去皮拍碎（图 2）。

3 在平底锅中倒入适量色拉油，加热后放入蒜瓣爆香（图 3、图 4）。

4 放入切好的蘑菇翻炒片刻（图 5）。

5 继续加入迷迭香及百里香翻炒片刻后，倒入铺有锡纸的烤盘铺平，然后均匀撒上盐及黑胡椒碎（图 6、图 7）。

6 把烤盘放入预热 180℃的烤箱，烘焙 5 分钟，中途取出拌匀平铺后，送入烤盘继续烤 5 分钟即可。

烤土豆

材料 Material

小土豆 ·········· 500 克   色拉油 ············· 少许
盐 ·················· 少许   迷迭香 ············· 少许
孜然粉 ············· 少许   黑胡椒碎 ·········· 少许
辣椒粉 ············· 少许
黑胡椒 ············· 少许

制作方法 Parctice

1 小土豆先用水洗去表面浮土，再放入淡盐水中浸泡半小时，然后清洗干净（图1）。

2 在锅中放入适量清水煮开，再放入土豆（图2）。

3 土豆煮至八分熟后捞出，再用刀将土豆轻轻压扁（图3）。

4 然后将土豆放入盆中，撒上适量盐，倒入少许色拉油拌匀（图4）。

5 在烤盘铺一层锡纸，将拌好的土豆平铺在锡纸上（图5）。

6 在土豆上均匀撒上一层孜然粉和少许辣椒粉，并放上新鲜的迷迭香（图6）。

7 把烤盘放入预热200℃的烤箱，中层，烤20分钟，出炉后装盘，撒上少许黑胡椒碎即可。

香菇酿肉

材料 Material

鲜香菇	············8 朵	生抽	············适量
猪肉糜	··········100 克	老抽	············适量
生姜粉	············少许	料酒	············适量
芝士片	············1 片	细砂糖	············适量
葱花	············少许	色拉油	············适量
欧芹	············少许	盐	············适量
黑胡椒碎	············少许		

制作方法 Parctice

1 鲜香菇洗净后去蒂，并将香菇蒂切成碎末，香菇盖备用（图1~图3）。

2 猪肉糜盛入碗内，加入适量生抽、老抽、料酒、细砂糖、盐拌匀，再放入香菇蒂丁拌匀（图4~图6）。

3 继续加入葱花、生姜粉、少许色拉油拌匀。

4 在香菇盖上撒少许盐，把步骤3中调好的馅料均匀酿到香菇中（图7）。

5 把步骤4中的半成品放入预热220℃的烤箱，烤5分钟后取出，在表面淋上少许色拉油，继续送入烤箱烘烤5分钟后再取出（图8）。

6 将芝士片切小块，盖在香菇顶部，并撒上少许欧芹点缀，再次送入烤箱烘焙1分钟（图9）。

7 出炉后撒上少许黑胡椒碎即可。

奶酪煎鸡腿

材料 Material

鸡腿·····················1 个   马苏里拉奶酪·······30 克

白胡椒粉·············2 克   油·······················适 量

盐·····················4 克   白葡萄酒·········30 毫升

杂菜·····················1 把   黑胡椒·················少 许

制作方法 Parctice

1 鸡腿洗净后剔除骨头（图1、图2）。

2 把盐、白胡椒粉均匀抹在鸡边腿上，将鸡边腿腌制半小时（图3）。

3 在锅内放适量油，加热至六成热时，将腌好的鸡腿皮朝下放入锅中，中火煎2分钟左右，待其上色（图4、图5）。

4 将鸡边腿翻面，继续用中火煎2分钟，待其上色（图6）。

5 加入白葡萄酒煎煮片刻，再倒入少许清水略煮（图7）。

6 将鸡边腿翻面，在肉上放少许杂菜，撒上马苏里拉奶酪，再放上杂菜（图8、图9）。

7 然后盖上锅盖小火焖5分钟左右，待鸡腿肉熟。

8 出锅撒上少许黑胡椒即可。

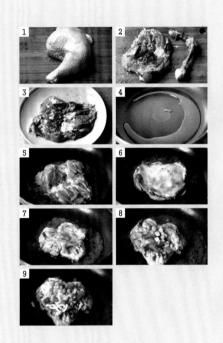

材料 Material

鸡胸肉 ………… 240 克
鸡蛋 ……………… 1 个
盐 ………………… 5 克
黑胡椒碎 ………… 少许
柠檬汁 ………… 20 毫升
普通面粉 ……… 60 克
面包屑 ………… 150 克
油 ………………… 适量

制作方法 Parctice

1. 将鸡胸肉用刀切成粗细均
   匀的长条状,加入柠檬汁、
   盐、黑胡椒碎拌匀后腌 15
   分钟(图 1~ 图 3)。

2. 将腌好的肉条沥水,放入
   面粉中,让肉条均匀裹上
   一层面粉,并筛除多余的
   粉类(图 4、图 5)。

香炸鸡柳

3 把鸡蛋磕入碗中搅散，再把步骤 2 中的鸡肉条放入蛋液中抓拌均匀（图6）。

4 把步骤 3 中的肉条捞出后放入面包屑中，让其均匀裹上一层面包屑并轻轻压实（图7）。

5 在锅内倒入适量油，加热至六成热后，放入步骤4中的鸡肉条（图8）。

6 待鸡肉条炸至呈金黄色，捞出沥油后，可以配番茄酱蘸食（图9）。

柠香虾串

材料 Material

基围虾	200克	盐	适量
柠檬	半个	欧芹碎	少许
蒜	2瓣	色拉油	少许

制作方法 Parctice

1 基围虾用针挑去虾线，去头，冲洗干净后沥水备用（图1、图2）。

2 柠檬洗干净后刨下柠檬皮屑，与蒜末一起放入虾中，再加入适量盐，放入少许欧芹碎及色拉油，挤入柠檬汁，拌匀后放入冰箱腌半小时，待其入味（图3、图4）。

3 将腌制好的虾串在竹扦上，排入铺有锡纸的烤盘中（图5）。

4 把烤盘放入预热200℃的烤箱，中上层，烤5分钟左右，待虾身颜色变红。

5 出炉后撒上少许黑胡椒即可。

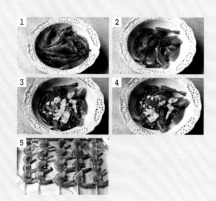

蔬菜沙拉

材料 Material

櫻桃番茄··········6 个
黄瓜···············半根
生菜···············1 颗
龙须菜··········1 小把

苦菊···············1 把
开心果碎··········1 把
焙煎芝麻沙拉酱······适量

制作方法 Parctice

1 櫻桃番茄洗净切碎；黄瓜洗净切薄片；生菜
  洗净撕成大小适中的片状；龙须菜洗净；苦
  菊洗净后切下嫩叶部分备用（图1）。

2 先将苦菊嫩叶放入碗中，再放入生菜、黄瓜片、
  龙须菜和开心果碎（图2~图5）。

3 将焙煎芝麻沙拉酱淋入步骤2中拌匀（图6）。

4 再放入櫻桃番茄即可（图7）。

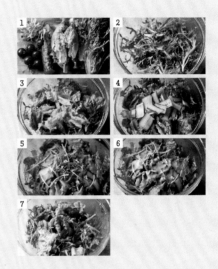

奶油蘑菇浓汤

材料 Material

蘑菇··············250克   淡奶油············120克
洋葱···············40克   清水···········500毫升
土豆···············60克   黑胡椒碎············少许
百里香·············5克   色拉油·········20毫升
盐················6克

制作方法 Parctice

1 把蘑菇放入盐水中浸泡10分钟左右，然后清洗干净。

2 将蘑菇切成厚薄均匀的片；洋葱洗净切碎；土豆去皮洗净后切成薄片（图1、图2）。

3 在锅内倒入色拉油，加热后放入洋葱炒香（图3）。

4 再放入蘑菇片、百里香、香叶翻炒片刻（图4）。

5 继续放入土豆片，倒入清水，大火煮开后转小火煮15分钟左右（图5~图7）。

6 将煮好的蘑菇汤倒入料理杯中，用料理机搅打成浓汤后重新倒入锅中（图8、图9）。

7 调入淡奶油、盐、黑胡椒碎，稍微加热并搅拌均匀即可（图10）。

西蓝花培根浓汤

材料 Material

西蓝花	185 克	清水	400 毫升
土豆	50 克	淡奶油	100 克
培根	40 克	盐	3 克
洋葱	30 克	黑胡椒碎	少许
百里香	3 克	色拉油	20 毫升
香叶	1 片		

制作方法 Parctice

1 将西蓝花洗净后去梗，再掰成小朵；土豆去皮洗净后切薄片；洋葱洗净切丁；培根切丁（图1、图2）。

2 先用小火将平底锅烧热，再放入培根翻炒片刻，直至培根煸干后捞出（图3、图4）。

3 在锅内放少许色拉油，加热后放入洋葱炒香，再放入西蓝花、百里香及香叶翻炒均匀（图5、图6）。

4 放入土豆片及清水，大火煮开后转小火煮10分钟，待锅内所有食材断生（图7、图8）。

5 将步骤4中的汤倒入料理杯中，用料理机搅打成浓汤后，重新倒回锅中（图9）。

6 放入步骤2中的培根碎，再调入淡奶油、盐、黑胡椒碎，稍微加热并搅拌均匀即可（图10）。

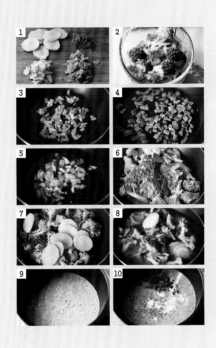

材料 Material

鸡翅············300 克

奥尔良腌料·····25 克

制作方法 Parctice

1 鸡翅洗净沥水后放入容器中（图1）。

2 将奥尔良腌料倒入鸡翅中抓拌均匀（图2）。

3 把拌好腌料的鸡翅放入冰箱冷藏12小时以上（图3）。

4 在烤盘上铺一层锡纸，将腌制好的鸡翅平铺在锡纸上，放
入预热200℃的烤箱，烘焙20分钟，待鸡翅烤熟即可(图4)。

奥尔良烤鸡翅